這本書屬於：

∙∙∙∙∙∙∙∙∙∙∙∙∙∙∙∙∙∙∙∙∙∙∙∙∙∙∙∙∙∙∙∙∙

新雅 · 知識館

給孩子的運動全百科

翻譯：羅睿琪

責任編輯：陳志倩

美術設計：蔡學彰

出版：新雅文化事業有限公司

香港英皇道499號北角工業大廈18樓

電話：（852）2138 7998

傳真：（852）2597 4003

網址：http://www.sunya.com.hk

電郵：marketing@sunya.com.hk

發行：香港聯合書刊物流有限公司

香港新界大埔汀麗路36號中華商務印刷大廈3字樓

電話：（852）2150 2100

傳真：（852）2407 3062

電郵：info@suplogistics.com.hk

版次：二〇二〇年五月初版

Original Title: My Encyclopedia of Very Important Sport

Copyright © 2020 Dorling Kindersley Limited

A Penguin Random House Company

ISBN: 978-962-08-7431-4

Traditional Chinese Edition © 2020 Sun Ya Publications (HK) Ltd.

18/F, North Point Industrial Building, 499 King's Road, Hong Kong

Published in Hong Kong and printed in China

A WORLD OF IDEAS:

SEE ALL THERE IS TO KNOW

www.dk.com

給孩子的運動全百科

新雅文化事業有限公司
www.sunya.com.hk

目錄

運動

冬季運動 ❄

水上運動 〜

傑出運動員

體育盛事

運動

運動其中一個最大的吸引之處，就是有許多**不同種類**的項目任你選擇。有的運動在雪地上進行，有的在水中，有的需要使用特殊的賽道，有的只要在公園裏便可以進行。每個人都一定能找到令自己樂在其中的運動，所以快快穿上運動鞋，發掘你最喜愛的運動吧。**各就各位，準備，開始！**

投球
(netball)

美式足球
(American
football)

排球
(volleyball)

籃球
(basketball)

棍網球
(lacrosse)

手球
(handball)

曲棍球
(hockey)

足球
(football)

棒球
(baseball)

團體運動

參與團體運動真是樂趣無窮，而且加入運動團隊正是一個結交朋友、培養**合作精神**的好方法。不論是拋接或擊打球，還是進球得分，這些運動的目標都非常簡單──就是擊敗其他隊伍！

澳式足球
(Australian rules football)

板球
(cricket)

欖球
(rugby)

足球

足球被譽為「優美的運動」，也是世界上**最受歡迎的運動**。全球各地都有人踢足球，最有名的國際足球比賽是世界盃 (World Cup)，為世界上規模最大的體育賽事之一。

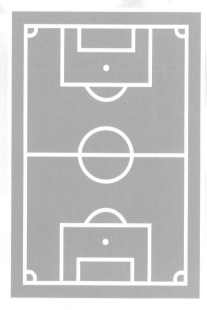

足球場

簡單的規則

足球的優美之處，在於其規則簡單。兩隊各有11名球員，他們會在足球場上比賽。球場兩端各有一個**龍門**，比賽的目標是將球踢進對方的龍門裏，入球次數最多的隊伍便能勝出。

龍門

守門員

守門員負責防守龍門，他們是球賽中唯一能用手觸摸足球的球員。

足球運動的誕生

在2,000多年前，中國已有一種類似足球的遊戲，名叫**蹴鞠**；而現代足球則起源於19世紀的英格蘭。

小檔案

運動類別：　　　　　　　　　球類運動

足球最大的好處，就是只需要一個足球，任何人在任何地方都能一起玩！

世界盃

通過世界盃的賽事，世界各國的足球隊就能分出高下。世界盃每4年舉辦一次，而決賽更吸引了**地球上近一半的人口**觀賞呢！

職業足球賽的球隊需要派11名球員參與比賽，但平日玩樂的話可以不限人數。

巴西足球員比利 (Pelé) 曾3次奪得世界盃殊榮，是足球界的傳奇人物之一，被譽為「球王」。他的職業生涯中，有超過1,000個入球。

美式足球

門柱

在美國，不論是小學、中學或大學的學生都會玩美式足球，還有由國家美式足球聯盟（英文簡稱NFL）舉辦的職業賽。每年，32支NFL隊伍都會蓄勢待發，爭奪美式足球賽事的最高殊榮——**超級盃**(Super Bowl)。

防守後衞

進攻

球場的兩端設有「**達陣區**」，比賽隊伍會輪流嘗試將球帶到另一隊的達陣區裏。每隊有4次進攻機會，稱為「**檔**」，球員要藉由拋擲傳球，或帶球奔跑，令球向前移動10碼（約 9 米）。如果進攻隊伍成功令球前進10碼，他們會再獲得4檔。如果挑戰失敗，便會改由另一隊持球進攻。

外接手

小檔案

運動類別：  球類運動

四分衞將球拋給同隊的接球手。

達陣！

當球員帶球走到對手的達陣區，或成功在達陣區接住隊友的傳球，便可以獲得 6 分，稱為**達陣**。球員亦可透過**射門得分**，只要將球踢進達陣區的門柱之間，便可獲得 3 分。

四分衞是球隊中最重要的球員。他們組織進攻，並負責傳球。

美式足球員要戴上**頭盔**和許多**護墊**，讓他們被對手抱住攔截時得到保護。

四分衞

美式足球所用的球俗稱「豬皮」，因為早期的球是用豬膀胱製成的。

每隊職業美式足球隊有53名球員，不過比賽期間，每隊在同一時間裏只可派11名球員上場。

在超級盃舉行的大日子裏，美國售出的薄餅數量比全年任何一天都要多呢！

每隊人數： 11　　　裝備： 保護裝備、頭盔、球

澳式足球

澳式足球是一項非常激烈的球類運動，在**澳洲**非常受歡迎，一般由兩隊各18人組成的隊伍互相競賽。

澳式足球賽事有很多身體蹧撞，而球員不會配戴任何護墊或頭盔，因此他們必須非常強壯和堅毅。

得分

各隊伍要在寬闊的球場上運球前進，球員可以踢球、持球奔跑及拍球，或握拳擊球。得分方法是將球送進門柱之間——把球踢進中央球門可獲**6分**，而球穿過側球門則可獲**1分**。

這運動又被稱為「Aussie rules」（指按照澳洲人的規則來進行比賽），或簡稱為「footy」（即足球）。

小檔案　　　　運動類別：　球類運動

雖然自1910年代起已經有女性參與澳式足球運動，但是正式的女子澳式足球職業聯賽在2017年才第一次舉辦。

彈跳起來

澳式足球並不是由踢球開始賽事，而是由球證將球用力砸向地面，使球彈上半空，兩隊各派一名球員搶球，並傳球給隊友。

澳式足球原是給板球運動員在冬天天氣欠佳、不適合打板球時鍛煉身體而發明的。

	中央球門	側球門	得分
隊伍1	11	14	80
隊伍2	10	7	67

澳式足球賽事在橢圓形的球場裏進行。

有趣的計分方法

計分板上可能會出現11.14（80）、10.7（67）等分數，這代表隊伍1獲得80分（11個中央球門入球及14個側球門入球），而隊伍2得到67分（10個中央球門入球及7個側球門入球）。

每隊人數： 18

裝備： 球

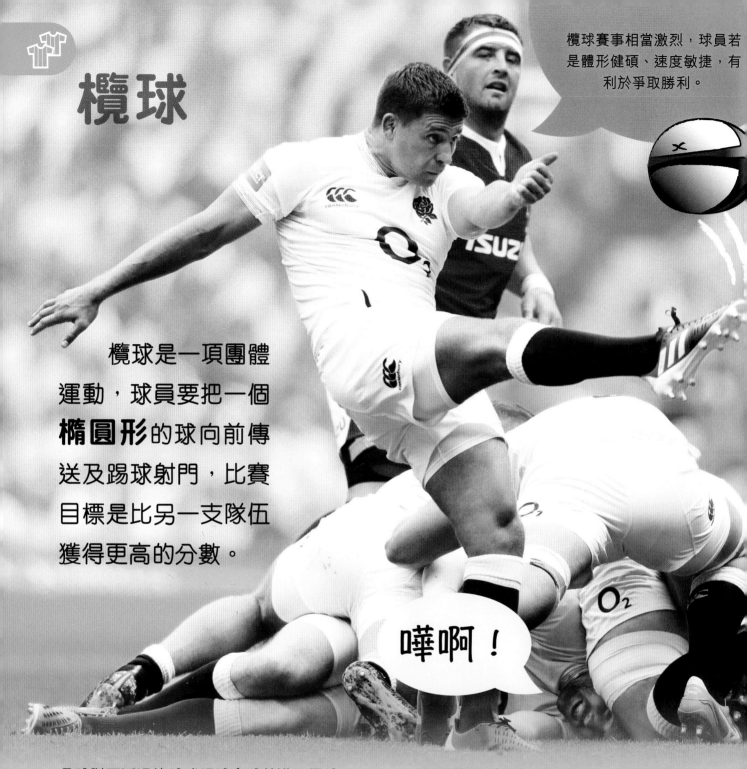

欖球

欖球賽事相當激烈，球員若是體形健碩、速度敏捷，有利於爭取勝利。

欖球是一項團體運動，球員要把一個**橢圓形**的球向前傳送及踢球射門，比賽目標是比另一支隊伍獲得更高的分數。

嘩啊！

各球隊要透過傳球或踢球令球前進，但球員只可以往側後方傳球。防守球員要抱住攔截持球的進攻球員，以搶奪球。

如果進攻球員把球放在防守隊伍的得分線後，便算成功達陣，可以得分。球員亦可將球踢至門柱之間，通過射門得分。

小檔案　　　　運動類別：　　　　球類運動

欖球賽的種類

15 聯合式欖球賽 (rugby union) 是每隊有15人參與的賽事。相傳這種運動於1823年出現，當時英格蘭拉格比鎮 (Rugby) 一間學校的學生在足球比賽中拾起足球狂奔，其後演變成新的運動項目。

13 聯盟式欖球賽 (rugby league) 和聯合式欖球賽相似，但每隊只有13名球員作賽，而計分方式亦不相同。

7 七人欖球賽 (rugby sevens) 演變自聯合式欖球賽，每隊有7人作賽。每局比賽分成上下半場，每半場賽時7分鐘。

如果球員違規向前傳球，便會進行俗稱「鬥牛」的爭球環節。鬥牛時，兩隊球員分別與隊友互搭肩膀，並用力推擠對方球員。球會被滾進鬥牛陣的中央，讓雙方球員互相爭奪球。

球員達陣後，可以嘗試把球射向門柱之間，爭取額外的分數。

每隊人數： 7-15　　裝備： 欖球

棍網球

棍網球是一項團體運動，各球員均配備一支末端有網的**球棍**，用以**運球、傳球及接球**，並把球射入龍門得分。

以身體阻擋

棍網球跟許多團體運動一樣，目標都是向着對手的龍門**射球得分**。當對方球員持球，其中一個將球奪回的方法，就是「以身體阻擋」對方球員，令他們的球掉下來，即是要用力衝擊對方！

準備作戰

棍網球起源於美洲原住民社羣，這種遊戲往往是為了讓**戰士預備作戰**而舉行，比賽可以持續數天，有時參與人數更多達1,000人呢！

小檔案　　　運動類別：　　　以球棍進行的球類運動

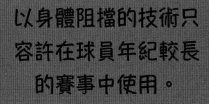

以身體阻擋的技術只容許在球員年紀較長的賽事中使用。

快速而激烈的賽事

棍網球是非常激烈及有很多身體踫撞的運動，因此球員需要穿上各種**保護裝備**，包括頭盔、護肩、手套、護臂和護甲。

棍網球在美國和加拿大尤其受歡迎，當地學生經常在學校裏進行比賽。

每隊人數： 11

裝備： 棍網球球棍、球、保護裝備

21

棒球

棒球是由兩隊各9人組成的球隊互相競賽的運動，兩隊會輪流**擊球**和**防守**。棒球在北美國家、日本和南韓都很受歡迎。

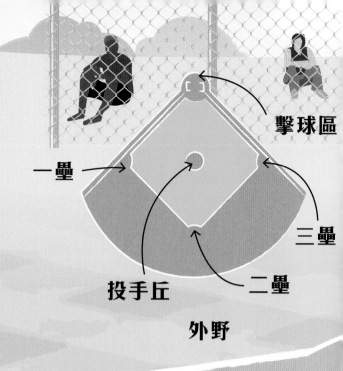

擊球區

一壘

三壘

二壘

投手丘

外野

棒球場的英文又稱為「diamond」，因為它的形狀就像鑽石一樣。

擊球手登場！

棒球比賽由**投手**向着**擊球手**投球而展開。擊球手要嘗試擊球，並依次序跑過**4個壘**，以爭取**分數**。防守球員的任務就是令擊球手出局。

擊球手跑壘時，可利用滑行的方式，以儘快上壘！

小檔案　　　運動類別：

以球棒進行的球類運動

只要出現3個好球，你便會出局！

捕手

光榮的全壘打

如果擊球手將球打出場外，這就是全壘打。這時該球員可以自由地跑過**4個壘**來得分。

出局！

防守球員通過幾種方法令**擊球手出局**：

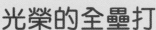 投手投出3個好球（令擊球手3次都打不中球）。

防守球員在球觸地前把球接住。

在擊球手上壘前，站在那個壘上的防守球員已成功接球。

棒球手套

2014年，美國棒球場上的觀眾總共吃掉了超過2,100萬個熱狗。

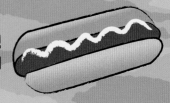

每隊人數： 9

裝備： 球棒、球、手套、頭盔

板球

　　板球是一項利用球棒進行的球類運動，在許多國家裏都深受歡迎。這項運動的目標是比對方隊伍取得更高的**分數**。

防守球員負責球隊的防守，他們的職責是把球接住，令擊球手出局。

投手

防守球員

三柱門

目前最快的板球投球速度紀錄

投手會將球投向擊球手，如果球擊中了三柱門，擊球手便會出局。

你出局了！

2名球證會確保賽事公正地進行，並裁決擊球手是否出局。

板球場

板球比賽在一個大型球場舉行，球場中央有一條球道，兩端設有**三柱門**。

小檔案

運動類別：

以球拍進行的球類運動

球界其中兩隊競爭最激烈的隊伍來自英格蘭
和澳洲。這兩支球隊會競逐一個細小的獎盃，
名為「灰燼盃」（The Ashes），它是國際運動
比賽中最細小的獎盃呢！

比賽目標

只要隊伍中的擊球手用球拍**擊中投球**，該隊便可得分；另一隊則設法令**擊球手出局**。令擊球手出局的方法有許多，包括在被擊中的球着地前將它接住。

球拍

是每小時161公里。

三柱門

護腿

球

板球在印度、巴基斯坦
和西印度羣島等地極受
歡迎。

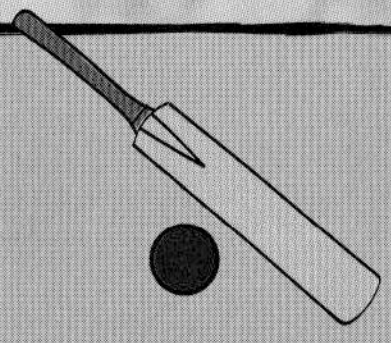

曲棍球

　　曲棍球又稱為「草地曲棍球」，球員利用彎曲的**木製球棍**擊球，把球傳給隊友，並嘗試**射門得分**。

球員只能用球棍的平面來擊球。

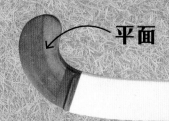

平面

曲棍球賽事一般會在人造草球場上進行，

小檔案　　　　　運動類別：

以球棍進行的球類運動

球員不可用手或腳觸碰球。

守門員會穿上保護裝備,讓頭部到腳趾都得到保護。

曲棍球魔法師

印度球員**戴亞．昌德** (Dhyan Chand) 是史上最偉大的曲棍球球員之一,被稱為「**魔法師**」(The Wizard),因為他擁有神乎其技的控球技術。他帶領的曲棍球球隊在1920至1930年代稱霸男子曲棍球界,並在1928至1936年間連續3屆奪得奧運金牌。

運動起源

不論是在古希臘或古代中國,以棍擊球的遊戲很早已經出現,歷史非常悠久。不過我們現今所認識的曲棍球是大約300年前在**蘇格蘭**發展而成的。

蘇格蘭式曲棍球是一項古老的蘇格蘭運動,和曲棍球相似。

← **棍柄**

因為人造草比真草平滑一些。

每隊人數: 11 　　裝備: 球棍、球

籃球

籃球節奏明快，緊張刺激，
對賽球隊爭相將球射進**球籃**內，
是非常受歡迎的團體運動。

球籃

世上第一個球籃其實
是盛載桃的籃子呢！

籃球場

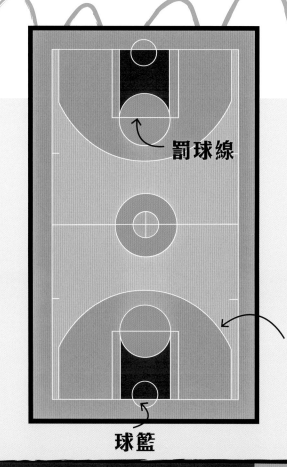

罰球線

三分線

球籃

如果球員射球時被侵犯，他可在
罰球線上射球而不被對方防守。

小檔案　　　　運動類別：　　球類運動

射球！

球員將籃球送進對手的球籃裏，便能獲得分數。**三分線**外的射球獲得3分，而三分線內的射球獲得2分，罰球則有1分。

米高・佐敦（Michael Jordan）是籃球界中最傳奇的人物，他的職業生涯中平均每場得分達30.1分。

飛身入樽！

球員一躍而起，並猛力將球投入球籃內，這動作稱為「入樽」。

世上最受歡迎的籃球聯賽是在美國舉行的NBA，不過籃球在歐洲和亞洲各地也很受歡迎呢。

男士平均的球鞋大小

籃球員一般都是身手敏捷、技術出眾，而且身材高大。NBA球星奧尼爾（Shaquille O'Neal）有7呎高（2.16米），要穿22號鞋（約40厘米長）！

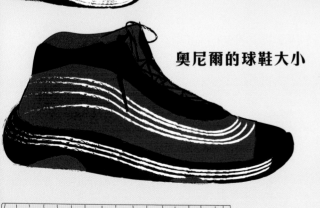

奧尼爾的球鞋大小

在所有運動採用的球中，籃球是最大的。

投球

投球是一項與籃球相似的團體運動。球員要互相傳球，並嘗試向球場兩端的籃圈內**射球**。

守球手的職責就是防守所屬隊伍的籃圈。

投球的起源

投球最初是英國倫敦一間學院讓**女學生**參與的運動，以籃球為基礎來設計。1901年訂立首套規例後，這項運動便逐漸發展起來。

世界投球錦標賽 （Netball World Cup）是這項運動最大型的賽事。澳洲曾11次奪冠，而且從未試過獲得低於亞軍的名次。

小檔案   運動類別： 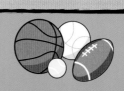 球類運動

只有射球手和攻擊手可以進入另一隊的射球區，並嘗試射球得分。

射球區

每名球員都會獲分配特定的位置，以區分在球場上的職責。球員只能在其所屬位置的範圍內活動。

投球的規則

投球的目標是把球射進另一隊的籃圈內得分。

1 球員會穿上印有字母的背心或球衣，展示他們在球場上擔任的位置。

2 球員不可以帶球跑或拍球，在接球後的3秒內必須傳球或射球。

3 球員只能在射球區內射球，只有攻擊手和射球手可以進入射球區。

4 防守球員需與持球球員保持最少0.9米的距離。

5 球賽全長60分鐘，結束時入球最多的隊伍為勝。

GK	GD	WD	C	WA	GA	GS
守球手	後衞	翼衞	中鋒	翼鋒	攻擊手	射球手

60分鐘

排球

排球由兩支球隊對賽，雙方以**高高的球網**分隔。球員將球打過球網，直至其中一隊無法回球。

自1964年的日本東京奧運會開始，排球正式成為奧運項目。

排球的起源

排球是由美國教師威廉·摩根 (William G. Morgan) 於1895年發明的。他結合了**網球**、**手球**和**籃球**的部分規則，創造出這項新的運動，讓學生保持健康。

全球有超過**8億人**經常打排球。

大部分排球員在每場比賽中會跳起約300次。

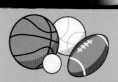
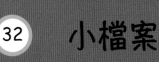

擊球過網

雙方球隊會來回將球打過球網，球員擊球時手不能觸網。每隊回球前可觸球**3次**，但同一名球員不能連續2次觸球。如果球在己方場內着地，或球員未能將球送回對方的球場範圍內，對方便可獲得1分。

中國的郎平是排球界的傳奇人物，作為排球員和教練都十分出色。

我的球員生涯結束後，先後成為了中國及美國國家隊的教練。

球網

沙灘排球

沙灘排球在沙灘上進行，每隊只有**2人**。自1996年開始，沙灘排球成為奧運項目。

手球

手球是一項節奏快速的球類運動，由兩隊各7人組成的球隊對賽。比賽目標是在球場內持球移動，並把球**射進對**方的龍門中。

手球在歐洲非常受歡迎，特別是在法國、德國、西班牙和瑞典。

到處移動

要將球移動，球員可以互相傳球，**帶球跑**或**射球**！球員帶球跑跑時，必須一邊跑，一邊拍球（即運球）。

手球的第一套規則，是由丹麥的體育教師兼奧運選手霍爾格·尼爾森（Holger Nielsen）在1906年制定的。

運球 →

世界手球錦標賽

世界手球錦標賽每每2年舉行一次。**法國**曾6次在男子賽事中奪冠，而**俄羅斯**擁有4次女子賽事的奪冠紀錄。

射門得分

龍門在一個6米長的區域內，只有守門員可留在**龍門區**。射門必須在龍門區外或跳入區內期間進行。

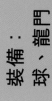

小檔案

運動類別：
球類運動

每隊人數：7

裝備：
球、龍門

35

登山
(mountaineering)

壁球
(squash)

太極拳
(tai chi)

三項鐵人
(triathlon)

盛裝舞步
(dressage)

田徑
(athletics)

高爾夫球
(golf)

空手道
(karate)

跆拳道
(taekwondo)

乒乓球
(table tennis)

射箭
(archery)

體操
(gymnastics)

網球
(tennis)

單車
(cycling)

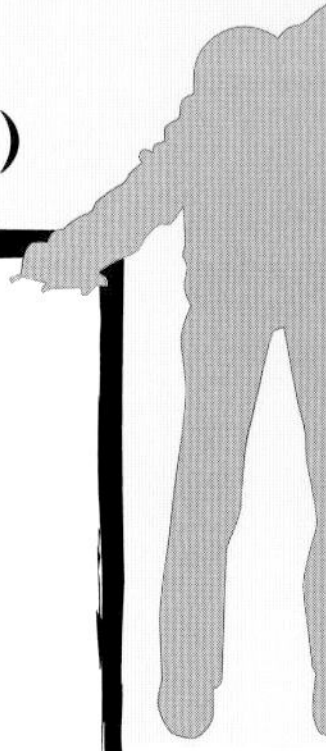

桌球 (snooker)

個人運動

　　世上有許多不同種類的個人運動供你選擇，這些運動所需的**技巧**都不同。運動員大多會獨自參與競賽，但有些項目也可以雙人或小組的形式參加。快翻到下一頁，了解多一點個人運動吧！

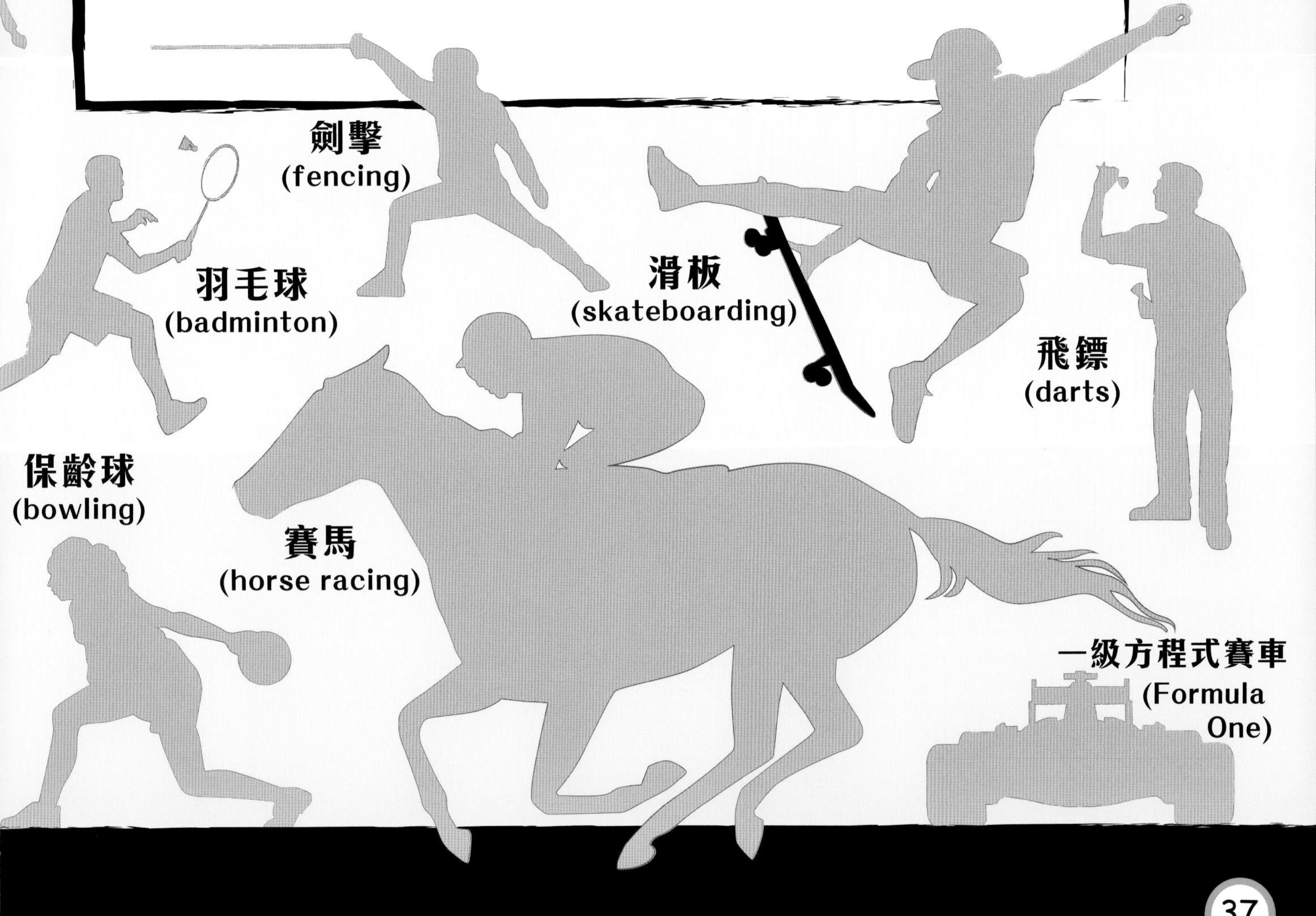

劍擊
(fencing)

滑板
(skateboarding)

羽毛球
(badminton)

飛鏢
(darts)

保齡球
(bowling)

賽馬
(horse racing)

一級方程式賽車
(Formula One)

古代運動

　　人類早在古代已開始參與不同的運動，作為娛樂或進行競賽。**時至今日**，仍有不少人參與某些古代運動呢！

卡巴迪 (Kabaddi)

這項運動由兩隊各7人的人組參賽。一名擔任「進攻手」的隊員會跑進對手的半場內，盡量觸碰最多的對手，然後避開對手的攔截返回己方的半場中。

馬球 (polo)

馬球在公元前6世紀的波斯（現今的伊朗）面世，是世上最古老的團體運動之一。參加者要騎在馬上，用球鎚將球射進對方的球門裏。

投壺 (pitch-pot)

這是源自東亞地區的古老遊戲，參加者要嘗試從遠處將長木棒或箭枝投入瓶子或壺中。

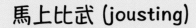

摔跤 (wrestling)

這項搏擊運動旨在以扭纏、拋擲、按壓等方式壓制對手。在15,000年前，摔跤場景已被繪畫在洞穴牆上，而至今仍有人參與這項運動。

馬上比武 (jousting)

這項運動源自中世紀的歐洲，兩名騎士在馬背上手持長矛互相撞擊，將對手撞至墮馬的一方為勝。

恩古尼棍擊 (Nguni stick-fighting)

這是一項源自古代非洲的武術，由兩名參加者各持兩根木棍對打，其中一根木棍用於攻擊，另一根則用於防守。

艾佩斯凱羅斯 (episkyros)

這是古希臘的一項球類運動，參加者要將球傳送給站在對方得分線後的隊友，與美式足球的玩法有點相似。

卓恩奇 (chunkey)

這項美洲原住民的遊戲在1,500年前出現，其中一名參加者在地上滾動一塊石製圓盤，其他人則投擲長矛，嘗試擊中圓盤。

石製圓盤

蹴鞠 (cuju)

蹴鞠是中國的一種遊戲，約於公元前3世紀出現，相信是足球最古老的形式之一。

賽跑

田徑運動包含許多賽跑項目，從快速的短跑，到長距離的耐力競賽都應有盡有。短距離賽跑講求具爆發力的**速度**，而參與長距離賽跑的運動員需要更多的體能與**耐力**。

短跑與長跑

奧運會的賽跑項目按照賽事的距離，分為短距離、中距離和長距離賽跑，分別是：

100米	200米	400米	800米
這是距離最短的賽跑項目，在跑道的筆直部分上進行。牙買加選手保特於2009年打破了男子100米短跑世界紀錄。	200米賽事由跑道的彎曲處起跑，以跑道的筆直部分為終點。美國選手姬菲芙於1988年創下的女子200米短跑世界紀錄，至今仍未被打破。	400米賽事需要圍繞跑道跑1圈。選手會在迅速起跑後保持一定的跑速，或者在接近終點時加速。	800米賽跑是中距離賽跑裏距離最短的項目。選手要圍繞跑道跑2圈，既需要速度，也講求耐力。
保特	**姬菲芙**		**魯迪沙**

世界紀錄

距離	男子紀錄	女子紀錄
100米	牙買加的保特 (Usain Bolt)： 9.58秒 (2009年)	美國的姬菲芙 (Florence Griffith-Joyner)： 10.49秒 (1988年)
200米	牙買加的保特： 19.19秒 (2009年)	美國的姬菲芙： 21.34秒 (1988年)
400米	南非的雲尼卻克 (Wayde van Niekerk)： 43.03秒 (2016年)	東德的科赫 (Marita Koch)： 47.60秒 (1985年)
800米	肯尼亞的魯迪沙 (David Rudisha)： 1分40.91秒 (2012年)	捷克斯洛伐克的克拉托赫維洛娃 (Jarmila Kratochvílová)：1分53.28秒 (1983年)
1,500米	摩洛哥的艾古魯治 (Hicham El Guerrouj)： 3分26.00秒 (1998年)	埃塞俄比亞的根澤比·迪芭芭 (Genzebe Dibaba)：3分50.07秒 (2015年)
5,000米	埃塞俄比亞的比基利 (Kenenisa Bekele)： 12分37.35秒 (2004年)	埃塞俄比亞的迪魯拿殊·迪芭芭 (Tirunesh Dibaba)：14分11.15秒 (2008年)
10,000米	埃塞俄比亞的比基利： 26分17.53秒 (2005年)	埃塞俄比亞的艾耶娜 (Almaz Ayana)： 29分17.45秒 (2016年)
馬拉松	肯尼亞的傑祖基 (Eliud Kipchoge)： 2小時1分39秒 (2018年)	肯尼亞的歌絲姬 (Brigid Kosgei)： 2小時14分4秒 (2019年)

1,500米	5,000米	10,000米	馬拉松
1,500米賽事要圍繞跑道跑三又四分之一圈，最出色的選手會將賽事當作延長的短跑。	這是長距離賽跑裏距離最短的項目，選手需要圍繞跑道跑12圈半。	選手需要圍繞跑道跑25圈。這項目於1912年起成為奧運男子賽事項目，1988年成為女子賽事項目。	馬拉松是奧運會中距離最長的賽跑項目。賽事並非在田徑場的跑道上舉行，選手需要在道路上作賽，賽事全長42.195公里。
艾古魯治	**比基利**	**艾耶娜**	**歌絲姬**

跨欄

　　田徑運動裏有4個項目需要選手跳過**障礙物**，包括女子100米跨欄、男子110米跨欄，還有男女均可參加的400米跨欄，以及有特別障礙物的3,000米障礙賽。

　　障礙賽可說是人類版本的馬術比賽，賽事中出現的障礙物包括高欄和水池。

欄架會被調校至不同的高度，視乎賽事需要而定。

欄架

男子110米跨欄的欄架高106.7厘米，男子400米跨欄的欄架高91.44厘米。

女子100米跨欄的欄架高83.8厘米，女子400米跨欄的欄架高76.2厘米。

男子障礙賽的欄架高91.4厘米，女子障礙賽的欄架高76.2厘米。

跨欄高手

美國運動員愛德溫·摩西 (Edwin Moses) 曾保持男子400米跨欄世界紀錄10年。在1977至1987年間,他**連續勝出122場賽事**,創下了4項世界紀錄,並奪得2面奧運金牌。

世界紀錄

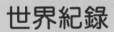

距離	男子紀錄	女子紀錄
100米 跨欄	無賽事	美國的哈妮遜 (Kendra Harrison):12.20秒 (2016年)
110米 跨欄	美國的梅里特 (Aries Merritt):12.80秒 (2012年)	無賽事
400米 跨欄	美國的楊格 (Kevin Young):46.78秒 (1992年)	美國的穆罕默德 (Dalilah Muhammad):52.16秒 (2019年)
3,000米 障礙賽	卡塔爾的沙希恩 (Saif Saaeed Shaheen):7分53.63秒 (2004年)	肯尼亞的切普科奇 (Beatrice Chepkoech):8分44.32秒 (2018年)

頂尖的跳遠運動員能跳出超越一輛雙層巴士長度的距離呢！

跳項

田徑運動裏有4個項目以**跳躍**為主，分別是跳遠、跳高、三級跳和撐竿跳。

跳高

翻身過竿

跳高選手要跳過一根橫竿，再落在軟墊上。如果他們成功越過橫竿，橫竿便會再移高；如果選手在3次試跳後仍無法越過，便會被淘汰，跳得最高的就能勝出。

跳遠

躍起

跳遠選手需要快速跑過一段跑道，然後奮力跳進沙池中，距離越遠越好，跳得最遠的就能勝出。

三級跳

單腳跳

跨步跳

世界紀錄

項目	男子紀錄	女子紀錄
跳高	古巴的蘇圖美亞 (Javier Sotomayor)：2.45米 (1993年)	保加利亞的科斯塔蒂諾娃 (Stefka Kostadinova)：2.09米 (1987年)
跳遠	美國的鮑威爾 (Mike Powell)：8.95米 (1991年)	蘇聯的姬絲耶高娃 (Galina Chistyakova)：7.52米 (1988年)
三級跳	英國的愛華士 (Jonathan Edwards)：18.29米 (1995年)	烏克蘭的克拉維茲 (Inessa Kravets)：15.50米 (1995年)
撐竿跳	法國的拉維勒尼 (Renaud Lavillenie)：6.16米 (2014年)	俄羅斯的伊辛巴耶娃 (Yelena Isinbayeva)：5.06米 (2009年)

撐竿跳

撐竿跳就像跳高一般，選手需要越過橫竿，但他們會利用一根長竿來輔助自己越過橫竿。

1984至2001年間，烏克蘭選手謝爾蓋·布卡 (Sergey Bubka) 曾35次打破撐竿跳的世界紀錄！

布卡 ↗

跳躍

三級跳與跳遠相似，不過運動員必須先單腳跳，再跨步跳，然後才跳躍起來，跳得最遠的就能勝出。

擲項

田徑運動有4個投擲項目，分別是**鉛球**、**鐵餅**、**標槍**和**鏈球**。在每個項目中，投擲得最遠的選手便會勝出。

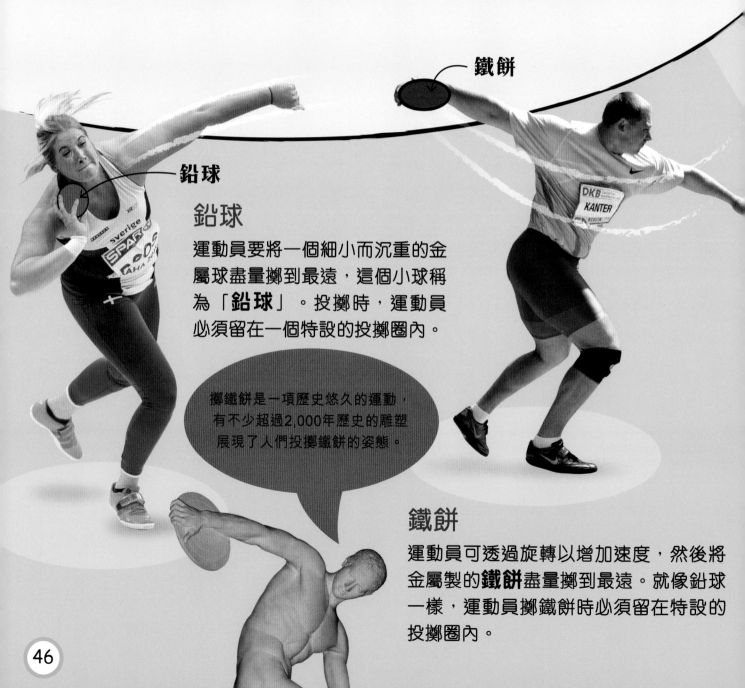

鐵餅

鉛球

鉛球

運動員要將一個細小而沉重的金屬球盡量擲到最遠，這個小球稱為**「鉛球」**。投擲時，運動員必須留在一個特設的投擲圈內。

擲鐵餅是一項歷史悠久的運動，有不少超過2,000年歷史的雕塑展現了人們投擲鐵餅的姿態。

鐵餅

運動員可透過旋轉以增加速度，然後將金屬製的**鐵餅**盡量擲到最遠。就像鉛球一樣，運動員擲鐵餅時必須留在特設的投擲圈內。

鏈球

標槍

標槍是唯一一項運動員無須留在投擲圈內的擲項。運動員要沿着跑道助跑,然後將**標槍**擲向半空。

標槍

鏈球

鏈球是一個**金屬球**,與鋼鏈連接。運動員會在投擲圈內自轉,增加速度,然後鬆手讓鏈球往前飛。

鉛球　　鏈球　標槍　鐵餅

世界紀錄

項目	男子紀錄	女子紀錄
鉛球	美國的巴恩斯 (Randy Barnes): 23.12米 (1990年)	蘇聯的莉索芙斯卡婭 (Natalya Lisovskaya): 22.63米 (1987年)
鐵餅	東德的舒爾特 (Jürgen Schult): 74.08米 (1986年)	東德的賴因施 (Gabriele Reinsch): 76.80米 (1988年)
標槍	捷克的澤萊茲尼 (Jan Železný): 98.49米 (1996年)	捷克的斯波塔科娃 (Barbora Špotáková): 72.28米 (2008年)
鏈球	蘇聯的謝迪赫 (Yuriy Sedykh): 86.74米 (1986年)	波蘭的禾露達絲姬 (Anita Włodarczyk): 82.98米 (2016年)

混合項目

　　對運動員來說，混合項目是**終極挑戰**他們的實力，他們需要比試多個項目，才能決定誰獲得最後勝利。男子運動員會參與**十項全能賽**，女子運動員則參與**七項全能賽**。

十項全能賽

十項全能賽包含**10個**田徑項目：

十項全能世界紀錄

2018年，法國選手凱文・馬耶爾 (Kevin Mayer) 奪得9,126分。

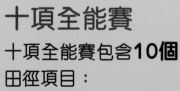

100米賽跑　　跳遠　　鉛球　　跳高　　400米賽跑

110米跨欄　　鐵餅　　撐竿跳　　標槍　　1,500米賽跑

七項全能世界紀錄

1988年，美國的積琪·喬伊娜-柯西 (Jackie Joyner-Kersee) 奪得7,291分。

七項全能賽

七項全能賽包含**7**個田徑項目：

100米跨欄

跳高

鉛球

200米賽跑

跳遠

標槍

800米賽跑

七項全能賽於1984年首次成為奧運項目。

計分方式

運動員在每個項目的完成時間、高度或距離都會用作計分。將所得分數相加後，最終得分最高的便會勝出。

三項鐵人

三項鐵人是一種講求耐力的競賽，運動員要逐一完成**游泳**、**踏單車**和**賽跑**的項目。參加三項鐵人的運動員必須接受非常艱苦的訓練呢！

賽事如何誕生？

自古以來便有很多由多項運動組成的比賽，但是**沒有人確切知道**現代三項鐵人的起源。不過世界上第一場結合游泳、踏單車和賽跑的正式比賽是於1974年在美國舉辦，那亦是第一次把賽事正式命名為三項鐵人。

三項鐵人的英文「triathlon」是由兩個希臘字詞「tri」和「athlos」組成，意指「3種比賽」。

奧運三項鐵人

三項鐵人在2000年澳洲悉尼奧運會中成為競賽項目，選手要先游泳1.5公里，接着踏單車40公里，最後再賽跑10公里。

運動類別：　耐力運動

出色的布朗里

英國選手艾利斯特·布朗里 (Alistair Brownlee) 是歷史上唯一一位**連續兩次**贏得三項鐵人奧運金牌的運動員。他在2012年英國倫敦奧運會贏得金牌，4年後在巴西里約熱內盧奧運會再次奪金。

← **布朗里**

人們從傳統的三項鐵人賽發展出其他不同版本的比賽，其中一種包括越野滑雪、山地單車和賽跑。

2018年，來自日本的稻田弘成為完成鐵人賽的最年長選手，他當時以85歲的高齡參賽呢！

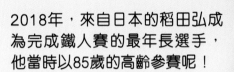

鋼鐵般的意志

三項鐵人還有一些難度更高的版本，其中最有名的是「**鐵人賽**」(Ironman)。在這賽事中，選手要游泳3.86公里，踏單車180.25公里，賽跑42.2公里。

現時鐵人賽的世界紀錄由德國運動員楊·弗羅德諾 (Jan Frodeno) 保持，他以7小時35分鐘39秒完成賽事。

參與人數： 1　　裝備：  跑鞋、泳具、單車

體操

體操運動員能做出難度極高的**技術動作**，看起來卻好像毫不費力。體操有很多不同的項目，全都講求力量、柔韌度、平衡力和耐力。

平衡木

體操運動員要在一根狹窄的平衡木上，做出跳躍、翻騰、轉體等動作，並避免從平衡木上掉下來。

平衡木

鞍馬

鞍馬是一個置有雙環的箱子。體操運動員要在鞍馬上以手撐起身體旋轉，做出分腿擺動和手倒立等動作。

大部分體操運動員在非常年幼時已開始接受訓練。

高低槓

在不觸碰地面的情況下體操運動員要在兩根不高度的橫槓上完成旋轉手倒立和飛躍的動作。

自由體操

體操運動員會在一塊有彈性的地墊上展示他們的體操技術，包括平衡、跳躍、翻騰、跨步、旋轉等。

小檔案　　　　　　　運動類別：　　　　　　體操

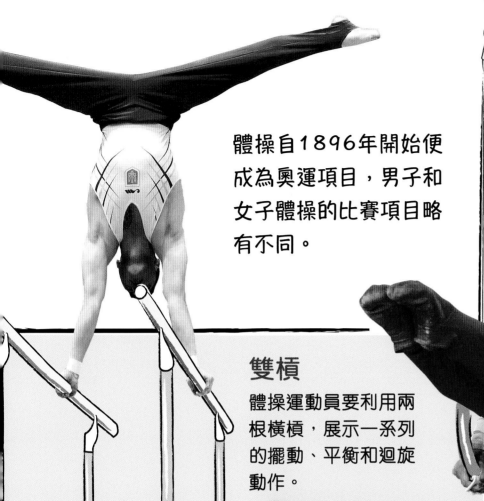

體操自1896年開始便成為奧運項目，男子和女子體操的比賽項目略有不同。

雙槓

體操運動員要利用兩根橫槓，展示一系列的擺動、平衡和迴旋動作。

吊環

體操運動員手握吊環，使身體離開地面，並運用自身的力量來旋轉及保持不同的姿勢。

跳馬

經過一段短促的助跑後，體操運動員會跳上彈板，後將手放在跳馬上，撐起身體飛躍至半空中，完成翻騰的動作。

彈網

體操運動員利用彈網跳到半空中，做出翻騰和轉體的動作。彈網可以單人或雙人作賽。

藝術體操

這是一項結合音樂、體操和芭蕾舞的運動，設有個人及小組賽。體操運動員以球、圈、絲帶、棒或繩子表演一套完整的動作。

每隊人數： 1-5　　裝備： 平衡木、鞍馬、橫槓、吊環等

單車

人們踏單車是為了玩樂，或用作代步工具，不過競賽單車卻是另一個層次的運動。單車賽事有許多不同的項目，會在**公路**或**單車館**的室內賽道上進行。

單車運動最大型的賽事是「大滿貫」(Grand Tours)，當中最有名的比賽是環法單車賽，賽事為時3星期呢！

單車賽事有快速的速度項目，也有需要花費長時間與大量持久力的耐力項目。

速度項目	爭先賽	團體爭先賽	耐力項目	個人追逐賽
	這項賽事大多由2名選手在特定距離內進行競賽，一般為250至1,000米。	每支隊伍由2至3人組成，進行計時比賽，各隊伍要爭取在最短時間內完成賽事。		2名選手分別在賽道兩端起步，如果其中一名選手被追上，比賽便會結束；如果雙方都沒有被追上，則以最快到達終點的為勝。
	競輪賽	**計時賽**		**捕捉賽**
	在這6圈的賽事中，選手在首3圈內必須在領騎的電單車後面，到了最後3圈才可加速爭勝。	選手要爭取在最短時間內完成固定距離的賽事。		在這賽事中，所有選手會一同起步，最快到達終點的為勝。

小檔案　　　　　運動類別：　　　單車

公路單車賽

公路單車賽可以個人或隊伍形式參與，有些賽事要求選手**圍繞賽道數圈**，有些比賽要花一整天，有些比賽會分成**多個賽段**，賽事為期更久。

場地單車賽

場地單車賽會在特別設計的單車館內舉行。賽道一般有兩段平坦的直路，而兩端則是較陡峭的彎道，有助選手**加速**。

團體追逐賽

與個人追逐賽相似，兩隊選手圍繞賽道互相追逐，每隊由4人組成。

麥迪遜賽

這是一項團體接力賽，每10圈作一次衝刺，首4名衝刺的選手會獲得相應的分數，最後得分最高的隊伍便會勝出。

淘汰賽

這是一項會淘汰選手的賽事，在衝刺圈中最慢完成的選手會被淘汰，最後留下來的選手便算勝出。

記分賽

項賽事觀賞起來頗複雜。選手每完成10圈，便會進行一次衝刺，首5名衝刺的選手會獲得相應的分數，最終得分最高的便能獲勝。

全能賽

這是一項分為數個階段進行的比賽，包含多個單車項目，總得分最高的選手便會勝出。

參與人數： 1人或團體

裝備： 單車、頭盔

一級方程式賽車

一級方程式賽車是一項高速又刺激的運動。車手在賽道上競逐，並按照名次獲得相應的分數。賽季結束時，獲得最高分數的車手就是**冠軍**。

一輛一級方程式賽車的價值可高達1,000萬美元呢

摩納哥格蘭披治

節奏快速的競賽

一級方程式賽車的賽事稱為「格蘭披治」(Grand Prix)，原文為法文，即「**大獎**」的意思。每場格蘭披治大賽會在不同的賽道上舉行，賽道的差異非常大，例如摩納哥格蘭披治在彎曲迂迴的街道上舉行，而意大利格蘭披治的賽道則有許多長直路，讓車手風馳電掣。

小檔案　　　　運動類別：　　　　賽車

我在1994至2004年間奪得7次一級方程式賽車世界冠軍。

德國的米高·舒麥加 (Michael Schumacher) 是賽車史上最成功的車手。

維修站

賽事進行途中，賽車會駛進特設的「維修站」，維修團隊會在數秒內替賽車更換所有輪胎！出色的維修站能決定車手在賽事中的**勝負**。

← 維修站

挑戰速度的賽車構造

一級方程式賽車能夠達至每小時375公里的驚人速度。它們經過特別設計，可產生「**下壓力**」，使賽車高速轉彎時仍能保持在地面上。

工作人員揮動一面格子旗時，代表第一名車手衝過終點。

賽車運動

許多運動需要人與機械好好配合，而目標只有一個：前進得**越快越好**！

咸美頓

小型賽車

許多一級方程式賽車手，都是由參與小型賽車比賽而開始賽車生涯，例如英國的咸美頓 (Lewis Hamilton)。車手駕駛細小而威力十足的小型賽車，圍繞賽道作賽。

房車賽

車手以經過改裝的普通房車，圍繞賽道作賽，有些房車賽可持續一整天呢！

電單車賽

車手駕駛馬力強大的電單車，圍繞賽道或公路路段，以驚人的速度比賽！

直線競速賽

這是挑戰速度極限的賽事。車手駕駛專門為高速行駛而設計的賽車，在短途的直線賽道上鬥快前進。

沙地電單車

4至6名車手駕駛電單車，沿着一段短距離的沙地賽道比賽。

怪獸卡車

怪獸卡車賽

這些巨大的卡車在設有數個跳台的賽道上比賽，有時卡車會飛越汽車，或是將它們壓扁！

怪獸卡車的輪胎可以比人還要高呢！

拉力賽

拉力賽就像房車賽一般，也使用經過改裝的普通汽車進行比賽，不過賽事是在公路上進行。

納斯卡賽車 (英文簡稱NASCAR)

納斯卡賽車是美國最受歡迎的賽車項目之一。車手駕駛特製的「改裝賽車」(stock car)，圍繞賽道或公路路段比賽。

改裝賽車

賽馬

賽馬是現今運動中**最古老**的項目之一。稱為**騎師**的運動員騎着馬，圍繞賽道鬥快前進。

平地賽

在平地賽中，馬匹圍繞一段**賽道**奔馳。世界上一些最著名的賽馬項目都是平地賽，例如美國的肯塔基打吡大賽 (Kentucky Derby)。

肯塔基打吡大賽

肯塔基打吡大賽被譽為「體育運動中最快的兩分鐘」。

小檔案　　　　　　運動類別：　　　　　馬術

跳欄賽

跳欄賽又稱為越野障礙賽，同樣在賽道上舉行，但馬匹必須跳過**障礙物**，例如欄和水溝。

跳欄賽中的跳躍

越野障礙賽的英文是「steeplechase」，因為賽事最初是在兩座教堂的塔樓 (steeple) 之間舉行的。

騎師身材細小輕盈，有助馬匹跑得更快。

很多賽馬項目都是以逆時針方向圍繞賽道進行。

場地障礙賽

馬術項目是專為**馬匹**與**騎師**而設的比賽，最廣為人知的項目是場地障礙賽。

場地障礙賽

場地障礙賽是一項為馬匹與騎師而設的**障礙賽**。馬匹需要跳過欄杆與高牆，如果馬匹的速度太慢，或是碰跌障礙物，騎師便會被扣分。

嘶嘶！

障礙物

小檔案　　　　運動類別：　　　　馬術

**盛裝舞步賽
使用的禮帽**

盛裝舞步賽

盛裝舞步賽的馬匹會表演特定的**舞步**和**動作**，以展示牠們能靈敏地服從騎師的指示。

哈啾！

英國騎師李·皮爾遜 (Lee Pearson) 曾在殘疾人奧運會中奪得11面盛裝舞步賽金牌，儘管他其實對馬匹過敏！

盛裝舞步賽

盛裝舞步賽的英文名稱「dressage」源自法文，是「**訓練**」的意思。參加盛裝舞步賽的馬匹要十分順從，這需要花許多時間和技巧來訓練馬匹。部分盛裝舞步賽的項目會配合**音樂**進行，就像馬匹在跳舞一樣。

盛裝舞步賽有時也被稱為「馬匹芭蕾舞」。

參與人數：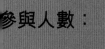 每匹馬 1名 騎師

裝備： 馬鞍、馬鐙、馬靴、帽子

搏擊運動

許多運動項目會由選手進行**一對一**的比拼。這些項目大部分都有悠久的歷史，源自全球各地不同的文化。

劍道竹刀

劍道

劍道是一種日本武術，運動員要穿上護具，並以名叫「竹刀」的竹製長劍互相擊打。

以色列格鬥術

這種武術是由以色列軍隊發展而成，糅合了拳擊、摔跤、合氣道、柔道和空手道。

砰！

柔道

柔道的目標是抓住對手，將他摔在地上並壓制着，使他無法動彈。這種武術是在日本創立的。

拳擊

拳擊是世界上最古老的搏擊運動之一，也稱為「西洋拳」。拳擊手會戴上有厚墊的手套進行比賽。

儘管武術往往涉及打鬥，但大部分武術的原意是為了自衞。

土俵

相撲

相撲是日本的國技。相撲手要勝出比賽,必須逼使對手踏出土俵(擂台),或將對手摔在地上。

合氣道

這種日本武術源於12世紀,但其現代形式則是在20世紀初發展而成。合氣道主要用於自衞。

← 袴(一種和服)

巴西戰舞

這是一種由非裔巴西人於16世紀發明的武術,它結合了舞蹈、雜技與音樂的元素。

自由搏擊

自由搏擊是混合空手道和拳擊而發展出來的武術,不同的國家有不同風格的自由搏擊。

綜合格鬥

這項運動糅合了各種武術的技巧,結合了抓摔與打擊的技術。

功夫

功夫即中國武術,有多種門派,最著名的包括少林派和武當派。

空手道

空手道是用於自衞的**武術**，運用了拳、踢和打的技巧。現代的空手道在19世紀的日本沖繩發展起來，其後逐漸成為廣受歡迎的運動。

空手着

腰帶

> 練習空手道的人被稱為「空手道家」。

練習空手道的人會穿上名叫「空手着」的道服，並按段級繫上不同顏色的腰帶。

小檔案　　　　　運動類別： 武術

起源

在17世紀，沖繩禁止使用武器進行打鬥，因此當地的武士發展了空手道，空手就是「**兩手空空**」的意思。

在第二次世界大戰後，沖繩成為美國重要的軍事基地，而空手道亦隨之傳播至美國。

考取腰帶

隨着空手道家的技術有所進步，他們可以考取不同的**段級**。每個段級都有相應顏色的腰帶，初學者的腰帶是白色，而高手的腰帶則是黑色。

不同的動作

空手道以其打擊動作著稱，例如掌底擊、手刀、貫手（將手指伸直攻擊）等。不過空手道的主要目的是**自衛**以及**平衡身心**。

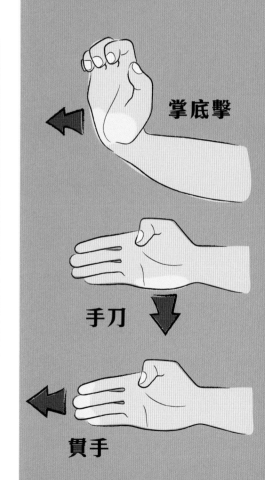

掌底擊

手刀

貫手

跆拳道

跆拳道是一種武術與自衛方式，講求速度、敏捷度和**踢技**。

起源

跆拳道起源於**韓國**，糅合了韓國、日本及中國數種不同的武術，這些武術都可追溯至超過2,000年前。

學習跆拳道的人必須遵守以下的 5 項精神：

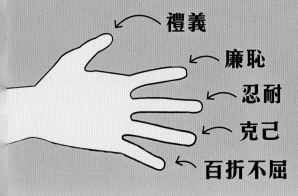

- 禮義
- 廉恥
- 忍耐
- 克己
- 百折不屈

「跆」指踢擊，「拳」指拳擊，而「道」即是方法，或是指更深層次的精神及哲學。

跆拳道的服裝稱為「道服」。

小檔案　　　　　運動類別：　　　武術

跆拳道比賽會以體重分級，因此選手一般會跟與自己體形相似的人作賽。

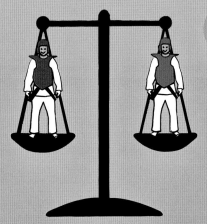

在2000年澳洲悉尼奧運會中，跆拳道第一次成為競賽項目。南韓在這個項目中所贏得的金牌比其他國家都要多。

護甲

比賽

參賽選手會穿上紅色或藍色的護甲、頭盔，以及其他護具。比賽分為**3個回合**，每回合賽時為 2 分鐘，得分最多的選手便能勝出。

3   如何得分？   5

- 拳擊對手身體的護甲可得**1分**，用腳踢中可得**2分**。

- 用腳踢中對手的頭部可得**3分**。

- 以旋踢或後踢擊中對手的身體可得**4分**。

- 以旋踢擊中對手的頭部可得**5分**。

對賽人數：  2   裝備： 道服、頭盔、護具

太極拳

太極拳是一種非常古老的武術，利用緩慢而**連綿不斷**的動作、深沉的呼吸和冥想，達到活動身體、放鬆腦袋的目的。

古代武術

太極在數百年前起源於**中國**，相傳一位名叫張三丰的道士在路上遇見一條蛇與一隻鳥打鬥，他受到這些動物的動作啟發，創造出太極拳。

平衡身體

太極拳的**動作**、**冥想和呼吸**練習是從各種武術改編而成為一種**自衛術**，旨在平衡身心。

小檔案

運動類別： 武術

在中國，每日有超過1,000萬人練習太極拳，它是全球最受歡迎的強身運動之一。

太極拳主要可分為五大流派，分別以創始家族的姓氏來命名。

套路

太極拳的套路種類與**招式數目**視乎流派而定，有的大約有**20種**招式，有的則多達**150種**。

劍擊

劍擊是一種較安全的**劍術對戰**。它源於古時的劍術，但現代劍擊的規則要追溯至19世紀的歐洲。

保護衣物與面罩

劍手會穿上白色的服裝，因為在電子計分器面世前，劍擊使用的劍會沾上墨水，以便在服裝上顯示擊中的位置。

決鬥中的舞者

劍手動作敏捷，富有技巧，就像舞者一般移動，這是有跡可尋的，因為**芭蕾舞**最初就是一種啟發自劍擊的舞蹈，因此兩者有許多動作都非常相似。

小檔案　　　　運動類別：　　　　搏擊運動

劍擊的種類

劍擊按照所用的劍可劃分為3類：**花劍**、**重劍**和**佩劍**。各類劍擊的目標都是一樣的，就是用劍擊中對手來獲取分數。

劍擊比賽會使用特殊的電線，以電子方式偵測攻擊是否有效。擊中時，電子裁判器會發出聲響或亮燈。

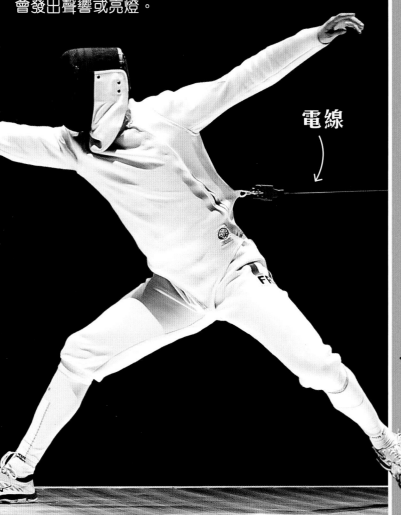

電線

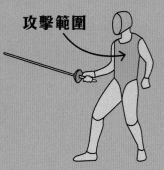

花劍

攻擊範圍

在花劍比賽中，劍手需以劍尖擊中對手的胸部或背部才能得分。

花劍

重劍

攻擊範圍

重劍比花劍略重，劍手以劍尖擊中對手身體任何部分都能得分。

重劍

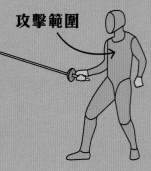

佩劍

攻擊範圍

在佩劍比賽中，劍手使用劍尖或劍刃部分，擊中對手上半身任何部分（除手掌外）來得分。

佩劍

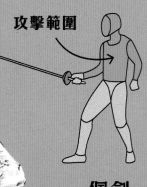

網球

網球是一項球拍運動，球員輪流**擊球**，使球越過球網，到達球場的另一邊。

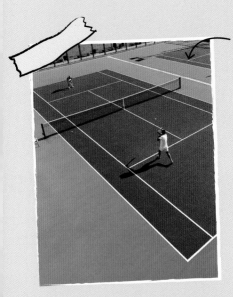

網球單打比賽

單打或雙打

網球可由球員單獨與一名對手作賽，稱為「單打」；或兩人一組與兩名對手比賽，稱為「雙打」。單打比賽只會使用球場的**一部分**，而雙打比賽則會使用**整個**球場。

頂尖錦標賽

網球界的四大錦標賽統稱為「**大滿貫**」(Grand Slams)，包括温布頓網球錦標賽 (Wimbledon)、法國網球公開賽 (French Open)、美國網球公開賽 (US Open) 及澳洲網球公開賽 (Australian Open)。

網球雙打比賽

如果球員發球後，

球員必須掌握多種擊球技術，包括發球、截擊、正手擊球、反手擊球和高吊球。

小檔案　　　運動類別：　　球拍運動

局、盤、場

網球比賽的計分方式有點複雜。當球員獲得4分,便可勝出**1局**(game)。不過如果雙方球員都獲得3分,賽事將會繼續,直至其中一方領先2分,才能勝出該局。

當球員勝出了6局,他便勝出了**1盤**(set)。不過如果第6局的分數一直打成平手,球員便要進行一場特別的對局,稱為決勝局(tie-break)。

男子賽事最多會進行5盤,而女子賽事則最多進行3盤,最終獲勝的球員等於勝出該**場**(match)。

網球每局的分數會記錄為0(love)、15(1分)、30(2分)和40(3分)。沒有人確切知道這種計分制度是從何而來呢!

對手無法擊中來球,這球就稱為「ACE球」。

羽毛球

羽毛球是一項球拍運動，球員要擊打**羽毛球**，使球越過**球網**。單打賽事會由2名球員對賽，雙打賽事則由4名球員分2組對賽。

球拍

規則

球員要將羽毛球擊打至球網的另一邊，然後對手要將羽毛球打回去，這樣來回往返，直至羽毛球**着地**、觸碰到球網或落在場外。

羽毛球的今昔

儘管現代羽毛球源於歐洲，但是這項運動在**亞洲最受歡迎**。羽毛球自1992年起成為奧運項目，到目前為止亞洲選手贏得最多獎牌。

小檔案

運動類別：  球拍運動

羽毛球

樣子古怪的球

羽毛球是由互相重疊的羽毛固定在軟木球托上而成。它們可以是塑膠製的，也可以用**鵝毛**來製造。

哦！

中國的林丹被公認為史上最出色的羽毛球手。

羽毛球是世界上第二多人參與的運動，它來自一種古老遊戲 ——「板羽球」。

羽毛球場

球網

每名球員只可以在羽毛球過網前擊球一次。

發球線

底線

壁球

壁球是一項球拍運動，在被牆壁圍繞的球場內進行。它是**速度最快**、過程最激烈的運動之一。

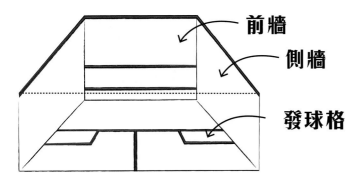

前牆
側牆
發球格

比賽目標

球員在發球格內發球，然後輪流將球打向球場的**前牆**上。球員也可把球擊在側牆或後牆，只要球最後能**反彈**至前牆便可。每次擊球前，球最多只能彈地**1次**。

計分制度

壁球有不同的計分制度，但一般而言，首名獲得**11分**的選手便能勝出1盤。一場壁球比賽通常採用三盤兩勝或五盤三勝制。

彈力十足的球

壁球員會按照自己的技術水平來選擇所用的球，每個球都標有不同顏色的**圓點**。

藍色球最適合初學者，這種球的速度很快，而且富有彈力。

紅色球的速度中等，也富有彈力。這種球最常被中級程度的球員選用。

黃色球的速度慢，彈力不高，通常為進階球員所用。

專業球員會使用雙黃點球，它們的移動速度極為緩慢，彈力亦非常低。

運動類別： 球拍運動

全球參與壁球運動的人數超過2,500萬，在185個國家中約有5萬個壁球場。

最偉大的壁球員

巴基斯坦的**簡漢加** (Jehangir Khan) 是壁球史上的最佳球員。他曾連續勝出**555場**比賽，創下職業運動史上一項前所未見的紀錄！

壁球是非常有益的運動，球員在比賽時會消耗大量的體力。

輪到你發球了，船長！

連英國郵輪「鐵達尼號」(Titanic) 也設有壁球場呢！

乒乓球

乒乓球又稱為「**桌上網球**」，是一項節奏明快的球拍運動。球員運用木製的球拍，來回把球擊打在球桌上。

比賽方式

球員要用球拍擊球，使球飛越球桌中央的球網，並在球桌的另一邊**彈起**。假如球員未能把球擊在球桌上，或球被球網攔下，又或球員無法回擊對手的球，那麼對手便能得到1分。在乒乓球賽事中，最先取得11分的一方便勝出。

起源

乒乓球是在19世紀的英格蘭發明的，當時只是作為一種晚飯後的消遣玩意。時至今日，乒乓球已傳遍至世界各地，更成為**中國國技**。

劉國梁是史上最出色的乒乓球員之一。他從球員生涯引退後，成為了中國國家乒乓球隊的教練。

小檔案　　　　　　運動類別：　　球拍運動

乒乓球細小輕盈，
球員需要有超級靈敏的反應，
才能及時將球打回去。

用木板打球

球員會用小型的木製球拍打球。
球拍上覆蓋了橡膠，一面是專為
增加球的**旋轉**而設計，另一面則
不會加強旋轉。

頂尖的乒乓球選手

能以極快的速度擊球。

中國是世界乒乓球錦標賽
中最強勁的參賽國家。
至2019年，中國總共贏得
145面金牌。

乒乓球是全球
最受歡迎的球
拍運動。

參與人數： 2-4

裝備： 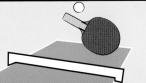 球桌、球拍、
乒乓球

射箭

射箭是利用**弓**向着**箭靶**射出**箭**的藝術。射手射出的箭越接近箭靶的中心，獲得的分數便越多。

古老的技藝

人們運用弓箭已有數千年的歷史。弓箭最初用來**狩獵**，其後成為戰鬥用的武器，直至槍械和大炮發明後才被取代。

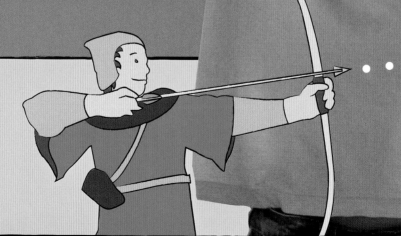

在中世紀，射手在1分鐘內可射出10至12枝箭。

小檔案　　　　　運動類別： 射靶運動

奧運射箭項目

射箭早在**1900年**已出現在奧運會上，但直至1972年才成為正式項目。**南韓**是射箭項目成績最好的國家，歷年來共獲得23面金牌。

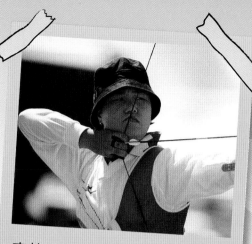

南韓選手金水寧是奧運史上最成功的射手，曾奪得4面金牌。

箭 ←

奧運射箭項目中所採用的弓稱為「反曲弓」，它是根據約3,500年前的設計而製成的！

← 護臂

反曲弓 →

擊中目標

射手把箭瞄準在有**10個環**的箭靶上，擊中位於中央的圓形——「**靶心**」，便能獲得**10分**；擊中靶心以外的環，從靶心開始計算，每個環所值的分數會依次**遞減1分**。

參與人數：  1　　　　　裝備：　　　　　弓、箭

飛鏢

飛鏢最初是從長箭削短而成。

飛鏢是一項將名為「飛鏢」的**小箭**射向圓形**鏢靶**來得分的運動。

玩法

在遊戲開始時，運動員會有301分或501分，他們輪流擲出3枚飛鏢，將所得分數相加後，再以總分減去所得分數，分數**剛好變成0**者為勝。運動員的最後一鏢必須擲中「雙倍區」或「內紅心」。

鏢靶

鏢靶是一塊圓形的靶子，分成不同的部分，分別標記了1至20分。每個得分區亦設有**雙倍區**或**三倍區**，得分為相應分數的2或3倍。鏢靶上還有**外紅心**（值25分）和**內紅心**（值50分）。

速算

飛鏢運動員除了需要準確投擲外，亦需要擅長於**數學**。一旦失手，他們便需要迅速計算，找出用最少投擲次數令分數變成0的方法。

英國選手菲爾・泰勒 (Phil Taylor) 是史上最出色的飛鏢運動員，他的綽號是「力量」(The Power)。

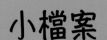
小檔案

運動類別： 射靶運動

極限運動

極限運動是專為敢於**挑戰生命極限的人**而設！這些運動涉及風險，有的關乎速度，有的關乎高度，有的是與大自然搏鬥，有的甚至是包含以上種種！

飛躍道

飛躍道於1980年代在法國興起，亦稱為「跑酷」（法文parkour的音譯）或「城市疾走」。這項運動的目標是透過跑步、跳躍和攀爬來跨過或穿過障外物。

小輪車 (BMX)

BMX單車選手在泥地賽道上比賽，賽道崎嶇不平，而且還有斜坡和急彎。BMX是「bicycle motocross」（越野單車）的簡稱。

激流泛舟

激流泛舟運動員會乘坐充氣筏，在河水湍急的激流中順流而下。

定點跳傘

定點跳傘與一般跳傘相似，但人們會從高樓大廈或懸崖等高處躍下，而不是從飛機上跳下來。

跳傘	飛鼠裝滑翔	帆傘
跳傘運動員會跳出飛機外，像自由落體般墜落，然後打開降落傘，輕緩地着陸。 	飛鼠裝滑翔運動員會從飛機上跳下來，利用有翅膀設計的特殊飛行服在空中滑翔，最後打開降落傘着陸。	帆傘運動員會在身上綁上帆傘，由快艇拖行，前進時會升到空中，並在水面上飛行。
溪降運動	走鋼索	笨豬跳
溪降運動是透過步行、攀爬、跳躍與游泳來探索峽谷。 	走鋼索的人要走過連接兩端的繩索，繩索一般遠高於地面。 	玩笨豬跳的人要從非常高的地方跳下來，腳踝綁着有彈性的繩子，使身體墜落後反彈至半空。 

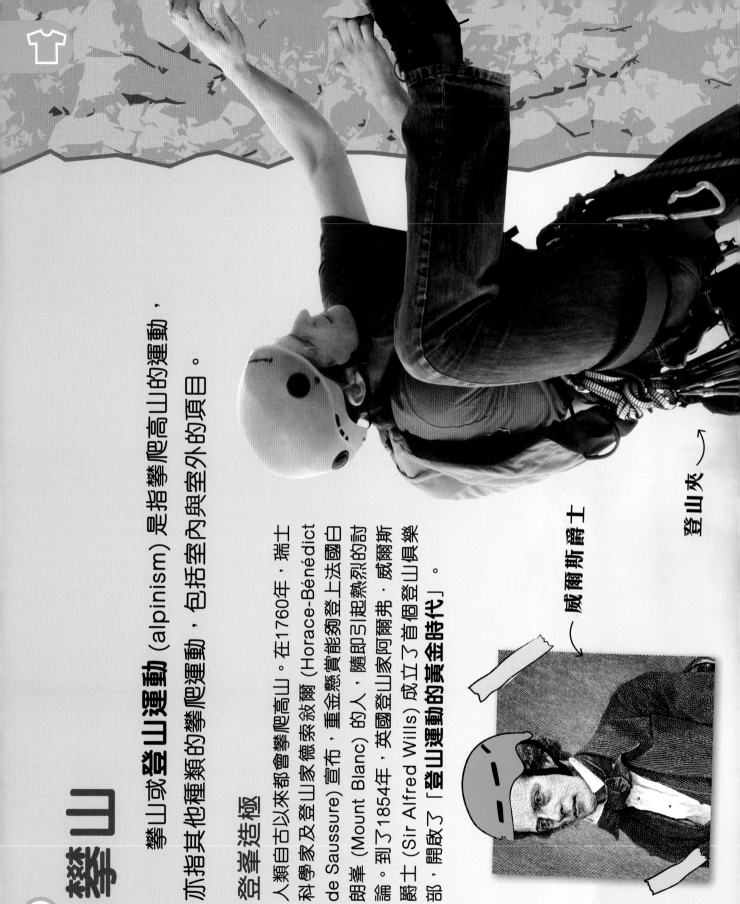

登山夾 ↘

威爾斯爵士

攀山

攀山或**登山運動**（alpinism）是指攀爬高山的運動，亦指其他種類的攀爬運動，包括室內與室外的項目。

登峰造極

人類自古以來都會嘗試爬高山。在1760年，瑞士科學家及登山家索德索爾（Horace-Bénédict de Saussure）宣布，重金懸賞能夠登上法國白朗峰（Mount Blanc）的人，隨即引起熱烈的討論。到了1854年，英國登山家阿爾弗·威爾斯爵士（Sir Alfred Wills）成立了首個登山俱樂部，開啟了「登山運動的黃金時代」。

登山裝備

根據不同的**環境條件**，人們需要準備不同的登山裝備。在雪地或冰川上，登山者需要穿上**冰爪**（一種有尖釘的特殊靴子），並用冰鎬**抓牢冰石**。在布滿岩石的環境中，登山者則會**將登山夾欽進岩石中**，並繫上繩子幫助前進。另外，他們亦會穿上防滑的鞋子。

冰爪

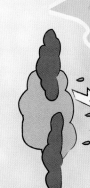

冰鎬

危險重重

登山者在攀登高峯時，會面對許多危機，包括**落石**、**冰**、**雪崩**、**冰隙**等。不過，**天氣轉變**有時才是最大的威脅。高山上的天氣可以急劇變化，令登山者受困。

登山者一般會兩人一組行動，並用繩子綁在一起，其中一人以繫繩「固定」住另一人，以便在對方不慎跌下時將他拉住。

2017年，美國登山家艾力克斯・霍諾德 (Alex Honnold) 攀上了美國加州的酋長岩 (El Capitan)，期間完全沒有使用任何繩子。

小檔案

運動類別：
極限運動

參與人數：
1人或以上

裝備：繩子、登山夾、冰鎬、靴子、頭盔等

89

滑板

　　滑板運動員踏着一塊**裝有輪子的長板**，做出各種花式與跳躍。滑板於2020年日本東京奧運中首次成為競賽項目。

第一場滑板比賽是於1963年在美國加州舉行的。

在行人路上滑浪

滑板是由一些美國**滑浪手**發明的。**在海上風平浪靜**的時候，他們希望尋找有趣的玩意來打發時間，於是把輪子安裝在一塊短的滑浪板上，一項嶄新的運動就這樣誕生了，這項運動最初稱為「行人路滑浪」(sidewalk surfing)。

滑板場是專為滑板運動員而設，全球第一個滑板場於1965年在美國亞利桑那州落成。

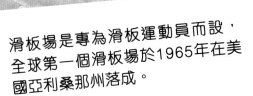

小檔案　　　　運動類別： 極限運動

技巧多端！

滑板運動員需要學習許多花式，其中最重要的技巧稱為「**豚跳**」(ollie)。豚跳指運動員與滑板同時躍起至半空，是滑板運動員首先要學會的技巧之一。

豚跳是由美國滑板好手艾倫・格爾凡德 (Alan "Ollie" Gelfand) 於1978年發明的。

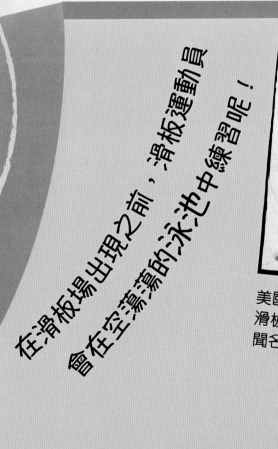

在滑板場出現之前，滑板運動員會在空蕩蕩的泳池中練習呢！

美國的東尼・霍克 (Tony Hawk) 是史上最成功的滑板運動員，他憑藉一種名為「900」的技巧而聞名於世，「900」指在空中旋轉兩個半圈。

參與人數：  1　　　裝備： 滑板、頭盔、護具

英式桌球

　　英式桌球在一張大桌子上進行，需要運用**球桿**和一組球。比賽目標是擊打白色的球，使它將其他顏色的球撞進桌邊的口袋裏。

擊球入袋

將球擊進桌子的口袋裏，英文稱為「potting」。每個顏色球被擊進口袋後，所得的分數都不相同。

口袋

 紅色（1分）

 黃色（2分）

 綠色（3分）

 啡色（4分）

 藍色（5分）

 粉紅色（6分）

 黑色（7分）

早期桌球所使用的球是由動物的骨頭或象牙製作而成。

- 球員必須按照特定次序擊球入袋：紅色球、其他顏色球、紅色球……如此類推。顏色球入袋後會重新放回桌面上，直至全數15個紅色球都已入袋為止。

- 當15個紅色球均已入袋，球員便要按照黃色球、綠色球、啡色球、藍色球、粉紅色球和黑色球的次序擊球入袋。

- 球員可以一直擊球，直至無法將球擊進口袋裏。最終得分最多的球員就是勝利者。

小檔案　　　　運動類別：  以球桿進行的球類運動

球員會在球桿尖端塗上粉末，以增加擊球時的旋轉力。

美式桌球

美式桌球和英式桌球的玩法相似，但在較細小的桌子上進行，球的數量也較少。美式桌球有不同的版本，但球員一般可按任何次序擊球入袋，只需把黑球留待最後才擊進口袋便可。

母球（白色球）

單桿得分

球員連續擊球入袋的情況稱為**單桿得分**(break)。當一名球員將全數15個紅色球擊進口袋，並15次將黑色球擊進口袋，而其他顏色球亦全部進袋的話，便會出現單桿得分的最高分數，總分高達**147分**。

英式桌球的英文「snooker」原指缺乏經驗的士兵。

對賽人數：

2

裝備：

球桿、球、球桌

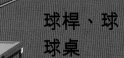

保齡球

滾動一個球是非常簡單的事情，但玩保齡球卻難得多了！保齡球可分為兩大類：**草地滾球**和**十瓶制保齡球**。

滾球

目標球

草地滾球使用的球並非完美的球體，這代表技巧高超的球員在滾球時能讓球轉彎。

草地滾球還有其他類似的版本，稱為銳發滾球 (raffa)、

十瓶制保齡球

在十瓶制保齡球賽事中，球員會沿着**木製球道**滾球，目標是盡量將球道盡頭的10個球瓶全部擊倒。

保齡球

球坑

小檔案

運動類別：  球類運動

很久以前，英格蘭曾禁止滾球運動，因為當時的國王認為玩滾球會令士兵分心，疏於練習箭術！

計分方式

當所有選手都滾出自己的球後，其滾球最接近目標球的球員可獲**1分**。如果球員有兩個滾球最接近目標球，則可獲2分，最先獲得21分的為勝。

硬地滾球 (bocce) 和法式滾球 (petanque)，參與者遍布全球各地。

連續3次全中就稱為「火雞」(turkey)！

如果選手滾球一次便將10個球瓶全部擊倒，這稱為全中 (strike)。

遊戲規則

保齡球員有兩次機會把10個球瓶擊倒。球道兩側設有「球坑」，用來接收滑落球坑的球。

球瓶

十瓶制保齡球是美國最受歡迎的運動之一。

參與人數： 2-6

裝備： 滾球、目標球/保齡球、球瓶

高爾夫球

在高爾夫球這項運動中，球員利用球桿將球擊進球洞裏，比賽目標是以**最少**的擊球次數，把球打進高爾夫球場內的所有球洞。比賽可以個人或4人一組的形式進行。

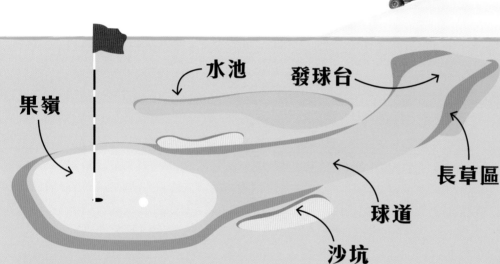

果嶺

水池　　發球台

長草區

球道

沙坑

高爾夫球場

高爾夫球場一般由9個或18個球洞組成。把球打進每個球洞前，球員會先在**發球台**上發球，讓球沿着**球道**前進，並要避開**長草區**、**沙坑**等障礙。當球抵達**果嶺**後，球員便要推桿，令球掉進**球洞**裏。

小檔案　　　運動類別：  以球桿進行的球類運動

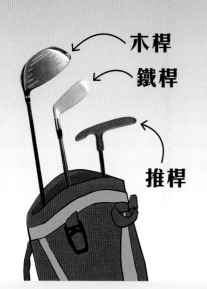

木桿

鐵桿

推桿

太空人也曾在**月球**上玩高爾夫球呢！

球桿的種類

高爾夫球員會使用不同的球桿，以作出不同的擊球。**木桿**有助球員將球擊至遠處，**鐵桿**則用於較精準的擊球，**推桿**則用於將球推進球洞裏。

每個球洞都設有「標準桿數」，指預計將球打進球洞裏所需的擊球次數，實際擊球次數比標準桿數越少越好。

- 4	三鷹 (condor)	擊球次數低於標準桿數4桿
- 3	信天翁或雙鷹 (albatross / double eagle)	擊球次數低於標準桿數3桿
- 2	老鷹 (eagle)	擊球次數低於標準桿數2桿
- 1	小鳥 (birdie)	擊球次數低於標準桿數1桿
0	平標準桿 (par)	擊球次數與標準桿數相同
+ 1	柏忌 (bogey)	擊球次數多於標準桿數1桿
+ 2	雙柏忌 (double bogey)	擊球次數多於標準桿數2桿
+ 3	三柏忌 (trible bogey)	擊球次數多於標準桿數3桿

最初面世的高爾夫球裏塞滿了鵝毛，稱為羽毛製高爾夫球 (feathery)。

瘋狂一番！

迷你高爾夫 (crazy golf) 是一種有趣的高爾夫球賽，球員只使用推桿，在細小的球場上作賽。球員需要避開障礙物，並有技巧地擊球。

風車障礙物

另類運動

世界各地有一些稀奇古怪的運動項目，聽來只是編出來的玩笑，但信不信由你，它們確實是運動呢！

國際象棋拳擊

顧名思義，國際象棋拳擊就是國際象棋與拳擊的混合體！如果選手在棋賽中獲勝，或在拳擊場上擊倒對手，便能勝出賽事。

極限熨衣

這個項目的目標是在極端環境中熨衣服，例如一邊跳傘一邊熨衣服，也會在水底或暴風雪中進行！

腳趾摔跤

腳趾摔跤有點像普通摔跤，不同的是選手會互相將腳趾公緊扣，並嘗試將對手的腳壓倒在一邊。

滾芝士

比賽中，一輪芝士會從山上滾下來，選手要嘗試追上它，不過通常選手最終都會跌個四腳朝天！

踢小腿

兩名對戰的選手會面對面站着，互相拉扯對方的衣領，然後用力踢向對方的小腿！

水底曲棍球

選手會在泳池底部移動一個圓盤，把它射進對手的球門裏。

沼澤浮潛

在這項運動中，選手要盡快來回游過充滿泥濘的沼澤。

擲蛋

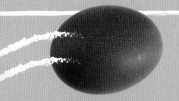

比賽目標是在盡可能遠的距離內拋擲雞蛋，並將雞蛋完好無缺地接住。這實際上比聽起來要困難得多呢！

跨河撐竿跳

這項運動源自荷蘭，原名「Fjerljeppen」，意思是「遠跳」。人們會衝向插在河道上的竹竿，在竹竿倒向河道另一邊時爬上其頂部，並嘗試在對岸着陸。

冰上曲棍球
(ice hockey)

雪橇運動
(sliding sports)

跳台滑雪
(ski jumping)

冬季兩項
(biathlon)

滑雪
(skiing)

花式滑冰
(figure skating)

多季運動

當夏天過去後，我們還可以參與許多在**冰雪**上進行的運動。這些運動都是每 4 年一度舉辦的多季奧運會競賽項目。快穿好保暖衣物，來認識這些冰涼刺激的運動吧！

冰壺
(curling)

速度滑冰
(speed skating)

單板滑雪
(snowboarding)

滑雪

數千年來，人們都會在雪地上滑行，以作玩樂或是前往不同的地方。到了18世紀，滑雪成為了一項受歡迎的運動，如今滑雪可分為兩大類：**高山滑雪及北歐式滑雪**。

滑雪運動員在落山賽的速度可達每小時130公里。

高山滑雪

高山滑雪的運動員會往山下滑行。高山滑雪可分為**4個項目**：落山賽、曲道賽、大曲道賽和超級大曲道賽。

落山賽的決勝關鍵在於速度。選手會從山頂附近開始滑行，儘快衝下一段陡峭、曲折的賽道。

曲道賽是賽程較短的賽事，專為擅長轉彎的滑雪高手而設，選手要急速地繞過多個旗門。

大曲道賽的賽道較長，選手要在一連串旗門之間滑行，而旗門之間的距離較曲道賽的遠。

超級大曲道賽結合了落山賽的速度與大曲道賽講求的精準滑雪技術。

北歐式滑雪

北歐式滑雪的項目包括**越野滑雪**和**弓步滑雪**。越野滑雪在一段長距離的賽道上進行，運動員需要極大的耐力以完成賽事。弓步滑雪雖然屬於北歐式滑雪，但同時結合了高山滑雪的技巧。

在北歐式滑雪中，只有運動員的靴子前端是與滑雪板連接，因此運動員在滑雪時可以提起自己的腳跟。

希爾舍

滑雪大師

奧地利向來是冬季奧運滑雪項目的常勝國家，奧地利選手馬賽爾·希爾舍 (Marcel Hirscher) 是**史上最出色的高山滑雪運動員之一**。

103

跳台滑雪

在跳台滑雪的賽事中，運動員會高速從助滑道滑下，並跳到半空中，**跳得越遠越好**。

跳台滑雪運動員能夠在高山上以每小時105公里的速度滑下來。

起飛了

當運動員從助滑道滑下來時，他們能夠在空中滑翔約10秒，並前進長達**2個足球場**的距離！

助滑道

起跳台

跳台滑雪大約在100年前於挪威出現。

挪威人桑德‧諾漢 (Sondre Norheim) 構想出將雪靴完全綁緊在滑雪板上，而不是只固定住前端的腳趾部分。1866年，他利用自己的發明，在挪威惠達爾斯穆 (Høydalsmo) 舉辦的全球首次跳台滑雪比賽中勝出。

小檔案　　　　　　　運動類別　　　　　　冬季運動

高台之上

跳台滑雪的比賽場地稱為**跳台**，個人賽分為70米和90米兩種不同的高度。跳台由一段**助滑道**、一個**起跳台**和一個**着陸坡**組成。

運動員在空中滑翔時，會一直把滑雪板保持着V形，以便飛得更遠。

跳台滑雪自1924年起成為冬季奧運項目。

奧地利選手斯特凡‧克拉夫特(Stefan Kraft)以253.5米的成績，創下跳台滑雪最長距離的紀錄。

着陸坡

參與人數：

1

裝備：

滑雪板、滑雪靴、頭盔、護目鏡、手套

冬季兩項

冬季兩項是一種冬季耐力運動，結合了**越野滑雪**和**步槍射擊**。完成時間最快的選手便能勝出。

射擊

滑雪與射擊

選手以最快速度環繞賽道滑行，每完成一圈便進入射擊區射擊**標靶**。每當他們射失了一個目標，便要在懲罰賽道上滑行一圈，或在完成時間上多加1分鐘。

冬季兩項的英文「biathlon」源自希臘文，意思是「2種比賽」。

小檔案　　　　　運動類別：　　　　　冬季運動

冬季兩項的王者

挪威選手奧勒·艾納爾·比昂達倫 (Ole Einar Bjørndalen) 是史上**最出色**的冬季兩項選手之一。他曾經在冬季奧運會贏得13面獎牌，其中8面是金牌。

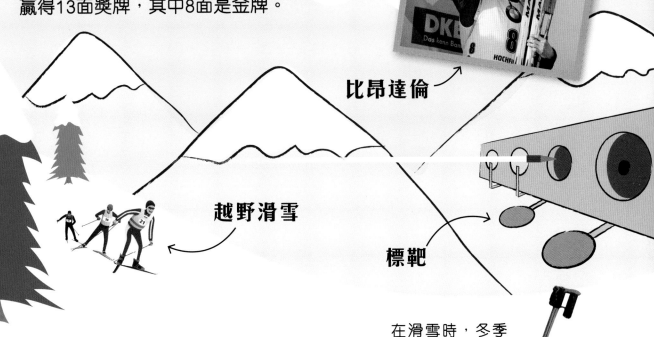

比昂達倫

越野滑雪

標靶

在滑雪時，冬季兩項選手會將步槍掛在背後。

超人射擊

步槍射擊講求技巧，在冬季兩項賽事中，射擊更是特別困難。越野滑雪會令人非常疲累，因此當運動員停下來射擊時，他們的心臟會怦怦跳動，令他們難以穩定地握緊步槍。

冬季兩項這運動可追溯至2,000年前，當時北歐的獵人會外出滑雪打獵，並將武器扛在肩上。

 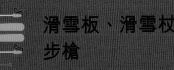

單板滑雪

單板滑雪是一項啟發自**滑板**、**滑浪**和**滑雪**的運動，運動員會站在長長的滑雪板上，從山坡上滑下來。

單板滑雪的類別

從**競速**與表演**花式**，到向上**跳躍**，運動員可通過多種方式來享受這項雪地運動。

坡面障礙技巧
運動員一邊做出各種高難度動作，一邊從布滿跳台、箱子或橫桿等障礙物的賽道上滑下來。

道具滑行
這是一種特殊的技巧，運動員會滑過橫桿、長椅、木頭、石頭等物件的表面，並在途中表演花式。

競速賽
運動員要鬥快從類似高山滑雪項目中的大曲道賽賽道上滑下來，途中運動員需要穿越一連串旗門。

大跳台
運動員利用一段大型助滑道來起跳，然後表演不同的花式。

自由滑雪
運動員可在山邊的空間自由滑雪，沒有固定的滑行路線或規則。

單板滑雪在1998年日本長野冬季奧運會中成為比賽項目。

衝雪

儘管單板滑雪在多個地區發展而成，但它的起源要追溯至1965年。當時美國工程師**謝爾曼・波彭**(Sherman Poppen) 將兩塊滑雪板綁在一起，讓他的女兒滑雪時能較易控制。他將這項發明稱為**「衝雪板」**(snurfer)，而單板滑雪的概念便從此散布開去！

半管

障礙爭先賽

數名運動員一同滑下一段特殊賽道，最先衝過終點的便勝出賽事。

高山單板滑雪

運動員會在滑雪項目的賽道上滑行，速度很快，途中會展示高超的轉彎技術。

半管賽

運動員在半圓形的巨大管道上滑行，同時表演各種花式。

參與人數：   1

裝備： 滑雪板、頭盔、護目鏡、手套

速度滑冰

速度滑冰可分為兩大類：長跑道和短跑道。兩類賽事都有相同的目標——在滑冰賽道上**鬥快前進**！

美國和加拿大有許多室內溜冰場，而短跑道賽事正是在北美洲率先舉辦。

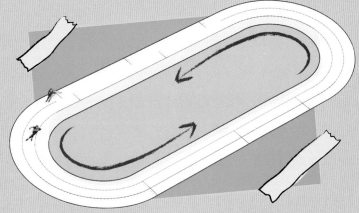

長跑道賽事在大型的橢圓形賽道上進行，每次只有2名選手同時作賽。賽事全長500至10,000米，首先衝過終點的便能勝出。

短跑道賽事在室內溜冰場舉行。所有選手在同一時間比賽，但他們不可以阻擋其他選手的去路，否則會被取消資格。賽事全長500至5,000米。

速度滑冰選手看似毫不費力地在冰上滑行，但其實他們正奮力地高速移動！

南韓國旗

南韓稱霸

自1992年短跑道速度滑冰成為冬季奧運項目後,**南韓**選手的成績一直佔優。直至2018年,他們共奪得48面獎牌,當中包括24面金牌。

荷蘭速度滑冰選手伊倫·伍斯特 (Ireen Wüst) 擁有11面奧運獎牌,成為歷來最成功的長跑道速度滑冰運動員。

伍斯特

穩定滑行

就像其他運動項目一樣,速度滑冰的勝負有時是由**運氣**來決定!在2002年美國鹽湖城冬季奧運會中,澳洲選手史提芬·布拉德伯里 (Steven Bradbury) 原是最後一名,不過他的對手在比賽期間全都摔倒了,只有他繼續滑行,並率先衝過終點,最後獲得了金牌。

布拉德伯里

滑冰運動員總會以**逆時針**方向滑行。

參與人數: 2-6

裝備: 滑冰鞋、頭盔、護具

花式滑冰

花式滑冰有單人和雙人組合的比賽，運動員穿上**滑冰鞋**，在冰上表演經過排練的**舞蹈動作**。

滑冰鞋

花式滑冰的起源

花式滑冰的誕生，有賴於美國人**愛德華・布殊內爾** (Edward Bushnell) 改良了滑冰運動員所穿的靴子，讓他們可在冰上跳起及旋轉。芭蕾舞大師**積遜・海因斯** (Jackson Haines) 則在這項運動中增添了舞蹈元素。

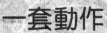
海因斯

一套動作

花式滑冰運動員會表演指定的**舞蹈**動作，稱為**節目** (programme)，動作必須包括旋轉、跳躍及拋接（拋接只限於雙人項目），評判會根據整套動作的難度和完成度來評分。

小檔案　　　　運動類別：　　　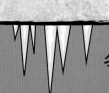　　冬季運動

早在花式滑冰成為運動項目前，滑冰已經出現。在13世紀，荷蘭人已穿上滑冰鞋，在冰封的運河上往來。

三周半跳是花式滑冰中難度很高的跳躍動作之一。

跳躍

花式滑冰運動員會做出不同的跳躍動作，例如**後外點冰跳** (toe loop)、**後內點冰跳** (flip)、**勾手跳** (lutz)、**後內跳** (salchow) 和**一周半跳** (axel)。運動員會運用滑冰鞋底部刀鋒的不同位置來完成這些跳躍動作。

赫尼

花式滑冰培育出一些舉世知名的明星，例如挪威選手桑雅‧赫尼 (Sonja Henie)。她在11歲時首次參加奧運會，後來成為了荷李活影星。

花式滑冰運動員必需體魄強健、靈活敏捷，而且技巧卓越。

冰上曲棍球

冰上曲棍球與草地曲棍球相似，但它不是在草地上進行，運動員會穿上**滑冰鞋**在**冰上**作賽。

溜冰場上

冰上曲棍球球員會穿上滑冰鞋，在**溜冰場**內的冰封場地上四處移動。球員不是擊球，而是擊打一個細小的**圓盤**。

注意安全

球場上有鋒利的滑冰鞋、橫飛的圓盤、粗大的球棒，還有壯碩的球員到處穿梭，因此球員需要穿上**護甲**。**守門員**的工作是最危險的，因此他從頭到腳都會穿上**保護裝備**。

圓盤

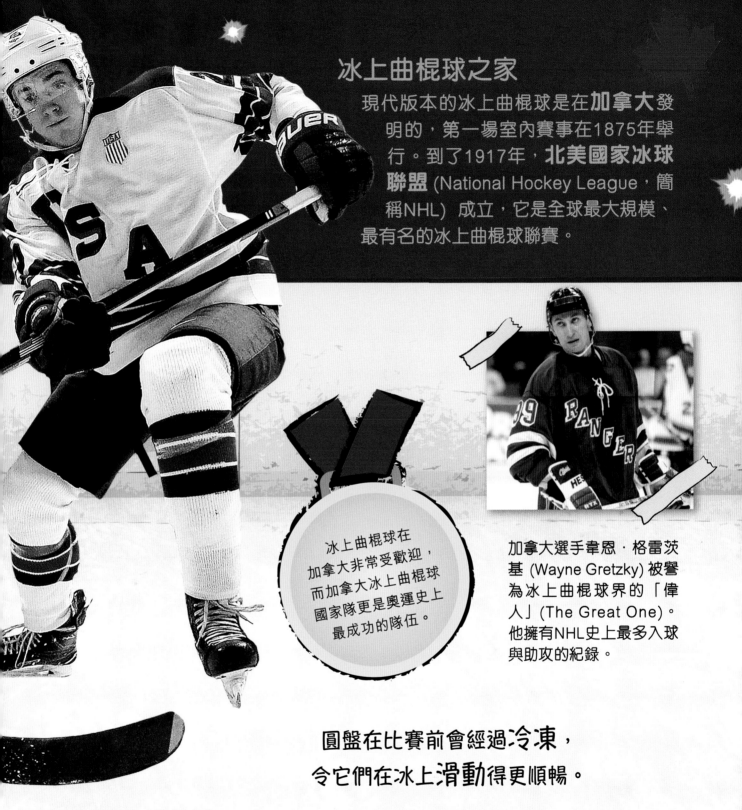

冰上曲棍球之家

現代版本的冰上曲棍球是在**加拿大發**明的，第一場室內賽事在1875年舉行。到了1917年，**北美國家冰球聯盟** (National Hockey League，簡稱NHL) 成立，它是全球最大規模、最有名的冰上曲棍球聯賽。

冰上曲棍球在加拿大非常受歡迎，而加拿大冰上曲棍球國家隊更是奧運史上最成功的隊伍。

加拿大選手韋恩·格雷茨基 (Wayne Gretzky) 被譽為冰上曲棍球界的「偉人」(The Great One)。他擁有NHL史上最多入球與助攻的紀錄。

圓盤在比賽前會經過**冷凍**，令它們在冰上**滑動**得更順暢。

最初的圓盤是用牛糞製成的！

每隊人數： 6　　裝備： 圓盤、滑冰鞋、頭盔、曲棍球棒、護甲

雪橇運動

　　雪橇運動是一項冬季運動，運動員會以**雪橇**滑過**冰面**。有些雪橇運動是在**特殊賽道**上進行的高速計時賽，有些則是在冰地上進行的長途競賽。

有舵雪橇的英文「bobsleigh」，是源於早期人們前後快速移動雪橇（這動作稱為「bob」），使雪橇前進得更快。

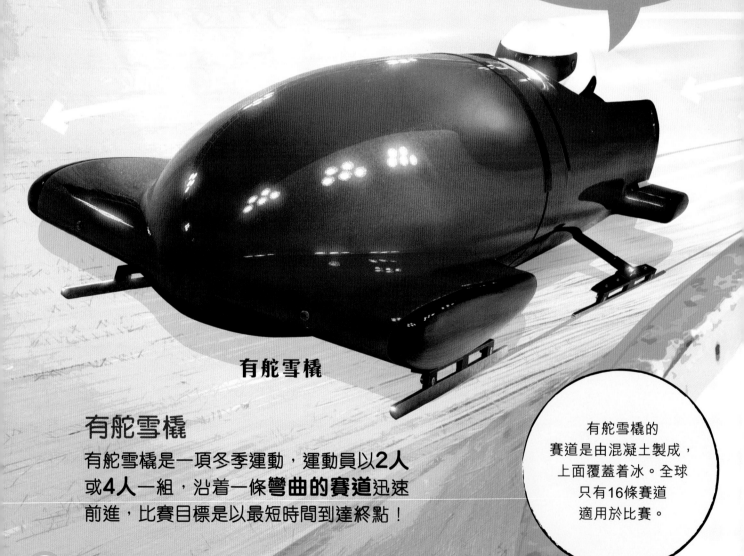

有舵雪橇

有舵雪橇

有舵雪橇是一項冬季運動，運動員以**2人**或**4人**一組，沿着一條**彎曲的賽道**迅速前進，比賽目標是以最短時間到達終點！

有舵雪橇的賽道是由混凝土製成，上面覆蓋着冰。全球只有16條賽道適用於比賽。

無舵雪橇

無舵雪橇（luge）的運動員會**仰卧**在雪橇上，以**雙腿朝前**的方式沿着賽道滑下去。就像有舵雪橇一樣，比賽目標是盡量在最短時間內完成賽事。

> 德國在冬季奧運會上向來是無舵雪橇的大贏家。

俯式冰橇

無舵雪橇

俯式冰橇

俯式冰橇（skeleton）是一項高速的雪橇運動，運動員會**俯卧**在一塊細小的雪橇上，以**頭部朝前**的姿勢滑下賽道。

> 俯式冰橇運動員的滑行速度能高達每小時130公里！

俯式冰橇的英文是「skeleton」，有說是因為早期使用的金屬冰橇就像一副骨骼而得名。

雪橇犬大賽

這項運動在地球上的**北極地區**——俄羅斯、格陵蘭和北美洲尤其受歡迎。比賽時，**狗隻**組成的小隊拉着雪橇和**駕駛員**前行，各隊伍在賽道上狂奔，最快到達終點的隊伍為勝。

117

冰壺

在冰壺比賽中，參賽隊伍要在滑溜溜的冰面上，把巨大的**石壺**向前推，嘗試令它們停在稱為「**大本營**」(house) 的目標上，越接近大本營的中心越好。

運動員可以利用己方的石壺，把對手的石壺撞離大本營，以阻止對手得分。

石壺

大本營

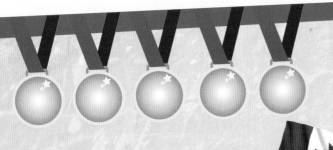

奧運會上的冰壺

冰壺在1998年日本長野冬季奧運會中成為正式比賽項目。**加拿大**一直是冰壺項目中成績最好的國家，直至2018年，已在男子賽中奪得3面金牌，在女子賽中奪得2面金牌。

充滿技巧的滑動

要在光滑的冰上控制石壺，讓它準確地滑至你所想的位置並不容易。為了幫助石壺移動，**刷冰員**會用特製的刷子磨擦石壺前方的冰面，越用力刷冰，石壺便能前進得越遠。

刷冰員

冰壺隊的隊長英文稱為「skip」。

隊長會喊出指令，讓其他隊員知道要刷哪裏的冰面，以及要多用力來刷冰。

冰壺又稱為「吵耳的遊戲」(roaring game)，這是以石壺在冰上滑行的聲音而得名。

古老的遊戲

冰壺在蘇格蘭、比利時和荷蘭流行了多個世紀。迄今人們所發現最古老的石壺可追溯至1511年，它是在蘇格蘭一個池塘中被發現的。

每隊人數： 4　　裝備： 石壺、刷子

跳水
(diving)

皮艇
(kayaking)

水球
(water polo)

游泳
(swimming)

賽艇
(rowing)

水上運動

　雖然大部分運動都是在陸地上進行，但亦有許多運動在水上或水中進行。不論是涉及游泳或駕駛小艇，這些運動全都講求**速度**、**力量**和**耐力**。讓我們一起投入水上運動吧！

帆船
(sailing)

滑浪
(surfing)

游泳

泳手會用他們的手臂和雙腿，在水中推動自己前進。游泳可分為4種不同的**泳式**，每種泳式都有相應的技巧。

頂尖泳手的肌肉非常發達，他們一般都擁有寬闊的肩膀。

自由泳

自由泳又稱為捷泳，是速度最快的泳式。泳手的雙臂輪流向前擺動，同時不斷踢腿。

蝶泳

這是最困難的泳式，泳手的雙臂要同時向前撲動，然後沿身體兩側拉向後方，雙腿還要做出「海豚踢」的動作。

小檔案   運動類別：   水上運動

只有5種運動是每屆
奧運會都設有賽事，
游泳是其中之一。

公開水域游泳

在**湖泊**或**大海**游泳稱為公開水
域游泳。公開水域游泳屬於長
途賽，泳手需要驚人的耐力。

自由潛水員閉着氣，嘗試潛往
水深處。頂尖的自由潛水員能
夠閉氣長達10分鐘呢！

首屆奧運游泳比賽就是
在大海中進行。

10

背泳

泳手要躺在水面上踢腿，同時將其中一
條手臂高舉過頭，並落入水中划水，接
着再以另一條手臂重複以上動作。

蛙泳

這是速度最慢的泳式。泳手會將兩臂放
於胸前並往前伸，然後向外划一個大的
半圓形，再將手臂收回身體旁邊，而雙
腿則會做出「蛙腿」的動作。

參與人數：　1-8　　　裝備：　泳衣、泳鏡、泳帽

跳水

跳水是從高處**跳進**水中，同時
做出體操動作的運動。

跳水的類型

競技跳水可分為兩大類：在泳池進行的**跳水**，以及從平台跳進大海裏的**懸崖跳水**。

跳台跳水

跳水運動員以**單人**或**雙人**形式參賽。從跳台上跳進泳池時，運動員要做出不同的**動作**，裁判會按動作的難度及完成動作來評分。

中國跳水組合郭晶晶和吳敏霞是歷來其中兩名最出色的跳水運動員。

郭晶晶

懸崖跳水

懸崖跳水運動員會從懸崖上躍下，掉入海中。沒有人知道這項運動的確切起源，不過數百年以來，懸崖跳水一直在世界各地進行。

如果跳水運動員入水時沒有濺出大量水花，便稱為「無水花入水」。

世界各地都有舉辦懸崖跳水巡迴賽。

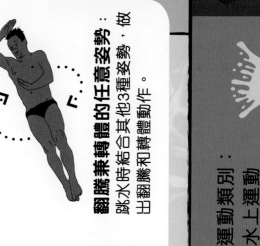

翻騰兼轉體的任意姿勢：跳水時結合其他3種姿勢，做出翻騰和轉體動作。

屈體：運動員屈曲身體，但雙腿保持筆直。

抱膝：運動員把身體蜷曲成球狀。

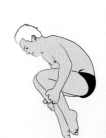

直體：運動員的臂部或膝部不可有任何彎曲。

吳敏霞

跳水時，運動員必須做出以下4種姿勢的其中1種：

125

許多滑浪好手的滑浪板上都有極具個人特色又鮮明的設計圖案。

滑浪

滑浪運動員有時會被稱為「駕浪者」，他們站在滑浪板上，**越過湧起的浪頭**，並乘着海浪返回岸邊。

夏威夷

滑浪的興起

多個世紀以來，滑浪一直是太平洋羣島文化的一部分。當地人會**教導遊客**如何滑浪，與世界分享滑浪的樂趣。

經驗豐富的滑浪運動員能夠一邊乘着海浪，一邊做出不同的花式。

要乘着海浪，滑浪運動員會躺在滑浪板上，頭部朝向陸地。當合適的海浪來臨，他們便會划水，嘗試跟上海浪的速度。一旦海浪帶着他們前行，他們便會站起來乘着海浪。

小檔案

運動類別： 水上運動

穿越浪管

當滑浪運動員在捲曲海浪的內部滑行時，稱為「**浪管駕乘**」(tube ride)。

滑浪運動員會嘗試在浪管內站起來，同時避免浪管在他們身上崩塌。

如：滑浪運動員從滑浪板上跌下來，便算是失敗，英文稱為「wipeout」。

George Freeth © 1914 - 2014

夏威夷救生員喬治·弗里斯 (George Freeth) 被視為其中一位「滑浪之父」。弗里斯在夏威夷的海灘上成長，他滑浪的英姿非常注目，更獲邀到美國加州展示他的技術，以及他對滑浪的熱愛。

水球

　　這項運動與手球和欖球相似，不過是在水中進行的。對賽的兩隊會**四處游動**，互相傳球，並把球射進另一隊的龍門裏。

水球的起源

1877年，蘇格蘭游泳教練威廉·威爾遜 (William Wilson) 設計出水球的規則，並在**蘇格蘭**的迪河 (River Dee) 舉行了首次水球比賽。此後，水球在英國及世界各地流行起來。

護耳有助保護球員的耳朵，亦可用於辨認球員屬於哪一隊。

護耳

比賽規則

與大部分團體運動不同，水球球員不會停留在任何固定的**位置**上（守門員除外）。球員可以按照比賽的形勢發展，在泳池裏四處移動。

守門員

除守門員外，水球球員只可以單手持球。

接觸性運動

雖然水球球員可以抓住其他球員的手臂和雙腿進行攔截，但大部分賽事都會和平地進行。不過在1956年澳洲墨爾本奧運會，匈牙利與蘇聯水球隊的比賽**過於激烈**，有球員受傷，後來被稱為「水中血戰」(Blood in the Water)。這是因為當時兩支隊伍的國家正處於戰爭中。

球員會利用稱為「打蛋式踩水」的技巧，在比賽期間保持身體挺直。球員的腿部動作，就像廚師攪拌雞蛋時的動作一樣，因而得名。

打蛋式踩水

每隊人數：

 7

裝備：

泳衣、牙套、護耳、球

皮艇

皮艇是一項水上運動，運動員會以特製的船槳來划動**小艇**，在水中前進。

皮艇越長，前進的速度越快。

划皮艇可在平靜的水域中緩慢、輕鬆地進行，也可在危險急速的激流中進行，十分刺激。

古代的交通工具
皮艇由北美洲的因紐特人發明，原本是用於打獵和捕魚。皮艇的英文「kayak」就是指「**獵人的小艇**」。

小檔案　　　　　運動類別：　　　　　水上運動

激流皮艇

1931年，德國的阿道夫·安德萊 (Adolf Anderle) 在奧地利薩爾斯堡的一座峽谷划皮艇，迎着**洶湧的河水**順流而下，人們相信這就是激流皮艇的誕生。激流皮艇的英文是「whitewater kayaking」（白水皮艇），源於水花飛濺的激流看起來是白色的。

1928年，德國的弗朗茲·羅默 (Franz Romer) 乘坐皮艇橫渡了大西洋，這次旅程共花了58天！

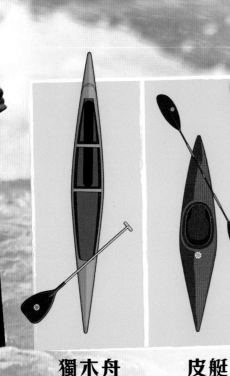

獨木舟　　**皮艇**

皮艇，還是獨木舟？

許多人都會混淆皮艇和獨木舟，其中一個分辨兩者的好方法，就是記着皮艇運動員會坐在**皮艇裏面**，而獨木舟則有稍為升高的座位。兩項運動所使用的船槳亦不相同。

 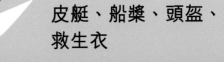

賽艇

賽艇運動員會划動**船槳**，令**小艇**在水中移動。運動員可以單對單作賽，或由最多8名賽艇手和1名**舵手**組隊比賽，由舵手負責操控航向及指揮隊員。

在河上

從古到今，划艇都是在水上移動的好方法。多個世紀以來，英國倫敦的渡船夫會划艇接載乘客來往**泰晤士河**（River Thames），並漸漸發展為賽艇，看看誰划艇的速度是最快的。

從1829年起，英國牛津大學和劍橋大學的賽艇隊每年都會在著名的賽艇對抗賽中互相較量。

小檔案　　　　運動類別：　　　　水上運動

1896年，首屆現代奧運會舉行，賽艇卻因為暴風雨而被迫取消！

在1984至2000年間的奧運會中，英國賽艇手史提芬·雷德格雷夫 (Steve Redgrave) 都獲得賽艇項目的金牌。

舵手

賽艇手會背向前方，以便划動船槳，令小艇前進。這代表賽艇手無法看見他們正前往何處，只有舵手面向前方，指引方向。

帆船

帆船利用**風**的力量在**水面**上移動，是世上最古老的交通工具之一，也是一項非常受歡迎的運動。

浮標

帆船運動

帆船有許多**不同種類的比賽**，但各種賽事所用的帆船大小和類型大致相似。帆船上負責駕駛的運動員最少1人，最多可達15人。

羣發賽

運動員會按照他們的比賽名次獲得相應的分數。在所有賽事結束後，獲得最高分的為勝。

對抗賽

2艘帆船互相競賽，最先衝過終點的為勝。世界上最有名的帆船比賽——美洲盃帆船賽（America's Cup）就是對抗賽。

團體賽

這是一種講求策略的賽事，2支各由3艘帆船組成的隊伍對賽，整體得分較高的隊伍便會勝出。

船帆

帆桁

荷蘭的蘿拉・德克爾 (Laura Dekker) 在16歲時便獨自揚帆出海，環繞地球一周。

船舵

競速賽

在競速賽中，帆船運動員會各自參賽，一起比拼，嘗試以最快速度完成賽事。

帆船的部分

帆船有許多不同的類型，它們的外觀亦很不一樣，不過它們都具備用於受風的**船帆**、協助調整船帆角度的**帆桁**，以及有助控制方向的**船舵**。

水上運動

水上運動指在**水中**或**水面**進行的活動。你認識哪些水上運動呢？

水肺潛水

水肺潛水運動員帶着氧氣瓶在水中游泳，毋須浮上水面呼吸。

水面進行

滑水	水上電單車	風箏滑浪
滑水運動員會站在滑水板上，並握緊一根連接着快艇的繩索，快艇會拖着運動員滑過水面。	水上電單車手會坐在機動的水上電單車上，在水面馳騁。有些水上電單車手還會進行比賽。	風箏滑浪運動員會站在滑浪板上，利用風箏的動力，拉着他們滑過水面。

水中進行

浮潛

浮潛運動
員利用面
罩與呼吸管
幫助呼吸,使
他們的臉部可留
在水裏。

韻律泳

運動員會配合音樂,在泳池中表演排練過的舞蹈和體操動作,目標是所有隊員同步做出相同的動作。

花式滑水

這與滑水很相似,但花式滑水使用1塊滑浪板,而不是2塊滑水板。

滑浪風帆

滑浪風帆運動員會乘着裝有風帆的滑浪板,利用風力在水上向前邁進。

龍舟競賽

隊伍中的槳手合力讓像獨木舟般的長艇在水面上前進,通常會有多支隊伍一同比賽,每隊的槳手可多達20人。

圍棋
(go)

操場遊戲
(playground games)

閃避球
(dodgeball)

拔河
(tug of war)

遊戲

　　有什麼比玩遊戲更有趣呢？有的遊戲非常簡單，不用特別的道具，也可以和任何人一起玩。有的遊戲需要體力，有的需要敏捷的身手，也有一些桌上遊戲需要頭腦與策略。哪一種是你**最喜愛**的遊戲呢？

飛盤
(ultimate)

國際象棋
(chess)

古代遊戲

人類玩桌上遊戲已經有很長的時間。在這些古代遊戲中，有的更擁有約 **5,000年歷史**呢！

拉特倫庫利 (Latrunculi)

這種古羅馬的戰略遊戲也被稱為「僱傭兵」(Mercenaries)。它在一個有格子的棋盤上進行，外形看似國際象棋或西洋跳棋的棋盤。

盤蛇圖 (Mehen)

沒有人知道這種古埃及遊戲是如何玩的，不過棋盤本身的外形就像一條蜷曲的蛇！

盤蛇圖棋盤

播棋 (Mancala)

直至今天仍有人玩播棋。有些人認為，其中一個版本的播棋曾出現在古埃及時代。

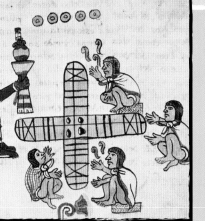

中美洲十字戲

中美洲十字戲 (Patolli)

這種遊戲曾在美洲建立的阿茲特克帝國深受歡迎。玩家會拋擲石頭或豆子，以決定棋子如何在十字形的棋盤上移動。

皮提亞 (Petteia)

這種古希臘遊戲有點像現代的西洋跳棋，遊戲目標是將對手的所有棋子吃掉。

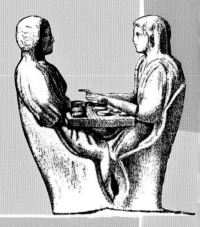

塞尼特 (Senet)

這種古埃及的桌上遊戲可以追溯至公元前3100年！塞尼特的意思是「拉扯的遊戲」，可惜沒有人確切知道遊戲的玩法。

鵝卵石遊戲 (Terni Lapilli)

這種遊戲出現在羅馬帝國，與現今的井字過三關 (tic-tac-toe) 十分相似。

烏爾王族局戲 (The Royal Game of Ur)

這種策略遊戲亦被稱為「20格戲」(The Game of 20 Squares)，大約出現在公元前3000年的美索不達米亞（現今的伊拉克）。

操場遊戲

你可以通過玩遊戲這種**有趣**方式來結交朋友。此外，遊戲也能讓你學會重要的技巧，例如**團隊合作**與**互相協調**。

抓龍尾

在這個來自中國的遊戲中，玩家會列隊，每人把雙手搭在前面的人的肩膀上。在隊首的人是龍頭，而最後的人是龍尾。龍頭會嘗試抓住龍尾，而中間的玩家要盡力阻止龍頭。

跳大繩

這是中國、韓國等地的傳統遊戲，兩名玩家會揮動繩子，其他玩家則嘗試走進揮動中的繩子跳繩，如果他們被繩子絆倒便會出局。最後留下來的參加者為勝。

捉迷藏

捉迷藏的規則非常簡單：負責捉人的「鬼」要閉上眼睛倒數，其他人各自躲藏起來，接着「鬼」便要把他們找出來，最後被發現的那個人便是勝利者。

剪刀、石頭、布（包剪揼）

兩名玩家數到三，然後用手做出石頭（揼，即握拳）、布（包，即張開手掌）或剪刀（剪，即V字手勢）。石頭擊敗剪刀，布擊敗石頭，剪刀擊敗布。

埋舟

其中一名玩家負責當「鬼」，必須守衞「基地」，例如一棵樹。其他玩家會跑到處躲起來，然後他們要嘗試回基地，並避免被「鬼」觸到。

拍手遊戲

拍手遊戲來自尼日利亞，是一種很受歡迎的玩意。玩家面對面，跟着兒歌的節拍來拍手和移動雙腿。

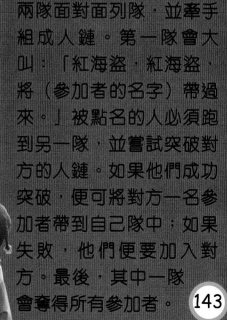

紅海盜

兩隊面對面列隊，並牽手組成人鏈。第一隊會大叫：「紅海盜，紅海盜，將（參加者的名字）帶過來。」被點名的人必須跑到另一隊，並嘗試突破對方的人鏈。如果他們成功突破，便可將對方一名參加者帶到自己隊中；如果失敗，他們便要加入對方。最後，其中一隊會奪得所有參加者。

更多操場遊戲

以下介紹了另一些操場遊戲，你可以和朋友一起玩呢！有些遊戲在**全球各地**都出現，只是名稱不同。

抓人遊戲	翻花繩	跳背遊戲
這是最簡單的操場遊戲，其中一人負責當「鬼」，嘗試抓住其他玩家。如果他成功抓住了另一個人，對方便會成為新的「鬼」，遊戲繼續下去。	這古老的遊戲需要兩名或以上的玩家和一根繩子。玩家要用手指將繩子翻成特別的形狀，並輪流用繩子製作不同的圖案。	其中一名玩家彎下身子或蹲下，讓另一名玩家從他背上跳過去。跳過後的玩家又彎下身子，讓之前那名玩家跳過去。

你是「鬼」！

我喜歡自創遊戲！

交互繩

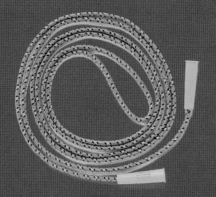

這是一種跳繩遊戲，需要運用兩條長繩子。繩子會以相反方向揮動，兩名或以上的參加者要在繩子中間跳躍。

鴨子、鴨子、鵝

所有參加者圍着圈坐在地上，除了其中一人會繞着圓圈行走，並輕拍其他參加者的頭，說出他們是鴨子還是鵝。如果參加者是鵝，他們便要站起來，趁拍頭者還未在鵝的位置坐下前觸碰到他。如果鵝失敗了，便會成為拍頭者。

木頭人

這是一個在希臘深受歡迎的遊戲。其中一名參加者會被選為「鬼」，他會閉上眼睛大叫「agalmata!」（希臘文的「雕塑」），其他參加者便要立即擺出著名雕塑的姿態，並嘗試保持靜止不動。

奪旗賽

兩隊參加者會在特別的「基地」上插旗子。遊戲的目標是嘗試偷走對方的旗子，帶回自己的基地，同時要保護自己的旗子，並避免對手觸碰到自己。如果參加者被對手觸碰到，便會被困在「監獄」裏，直至被隊友拯救才能繼續移動。

抓子

抓子是一種韓國傳統遊戲，玩家會將五塊石頭散落在地上，然後將其中一塊拋到空中，同時撿起另一塊石頭。在每個新回合，玩家需要撿起來的石頭數目都要比上一回合多。

拔河

拔河是**體力的比試**。兩隊會拉扯繩子的兩端，嘗試把對手拉到己方的一邊。

拔河在1900至1920年間曾是奧運會的比賽項目之一，不過此後便不再被納入。

古老的起源

沒有人確切知道拔河的起源，不過它確實是非常**古老**的遊戲。古時中國的將領會利用拔河來訓練士兵，而古希臘將領也很有可能曾這樣做。

小檔案　　　　運動類別：　　　團體運動

拔河的英文名稱「tug of war」最初是用來描述戰事陷入拉鋸狀態，直到很久以後，它才成為拔河的名稱。

繩子的中間設有標示，用來顯示隊伍成功將對手拉到自己那一邊。

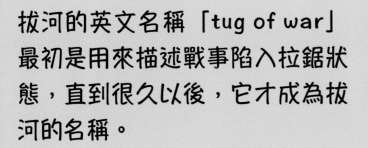

拔河所使用的繩子非常粗，這樣它才不會突然斷裂！

中線 ↗

每隊人數： 1-8　　　裝備： 繩子

飛盤

　　在飛盤比賽中，參賽者會向隊友擲出一個**飛盤**，而另一隊則要嘗試從他們手中奪走飛盤。

飛盤的起源

飛盤是由一羣美國**學童**於1968年發明的。它的第一套正式規則在1970年訂立，隨後這項運動不斷發展。

　　用雙手拍在一起以抓住飛盤的技術，稱為**班戟** (pancake)！

其中一個深受歡迎的飛盤品牌是命名自福瑞斯比派餅店 (Frisbie Pie Company) 生產來盛載餡餅的錫盤。

小檔案　　　　運動類別：　　　　　　　拋擲運動

基本規則

- 飛盤比賽在一個與美式足球場大小相若的場地中進行，場地兩端都設有得分區。

- 比賽的目標是將飛盤傳送給身處對手得分區裏的隊友，以取得分數。

- 選手可以將飛盤傳到各個方向，但不可以帶着飛盤跑動。如果對方選手抓住了被投擲出去的飛盤，該隊便可以擁有持盤權。

- 如果飛盤無法傳到隊友手中、掉在地上，或是出界，對手便能取得飛盤。

- 選手不可以撞向其他人或互相攔截。

體育精神

飛盤是極少數不設有**裁判**的運動之一，所有裁決由運動員自行決定。這是因為大家預期所有參與飛盤運動的人都會遵守體育精神，公平競賽。

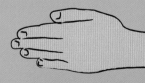

有時比賽會以「剪刀、石頭、布」來取代擲毫，以決定哪一隊先開始擲飛盤。

每隊人數：   7　　　　裝備： 飛盤

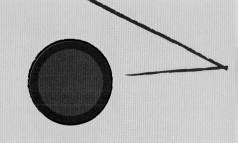

閃避球

　　閃避球是一項**有趣**的運動，球員要用球擊中對手，同時避免被對手**投擲**過來的球擊中。

遊戲規則

由2支各有6人的隊伍進行比賽，目標是令對方的球員出局。

● 球員向另一隊投球，如果球擊中對手，對手便會出局；如果對手能接住來球，投球者便會出局。

● 球員如踏出球場外，或進入對手的半場之中，便會出局。

● 球員只要把擊中他們的球在觸地前接住，便可救回被擊中的隊友。

● 每局比賽一般為3分鐘，較多球員留在場內的一隊便會勝出。

● 球員最多只能持球5秒，如果超時持球，便要將球交給對手。

閃避球使用的球通常以布、發泡膠或橡膠製造，因此相當柔軟。

球員**不可以瞄準對手的頭部**投球。

危險的遊戲

閃避球相信是從200年前非洲的一種遊戲演變而成。當時的參加者會**互相投擲石塊**，以改進**狩獵技術**，並學習團隊合作。

 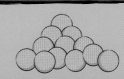

國際象棋

國際象棋是深受歡迎的**策略**遊戲，要動腦筋來計劃棋步，並思考後着。這個遊戲在有64個方格的棋盤上進行。

城堡可沿直線移動至任何距離。

士兵　　城堡　　騎士

如何爭勝？

每個棋手有**16枚棋子**：1枚國王 (king)、1枚王后 (queen)、2枚主教 (bishop)、2枚騎士 (knight)、2枚城堡 (rook) 和8枚士兵 (pawn)。遊戲的目標是吃掉對手的棋子，並將對手的國王棋子困住，使它只能移動至被吃掉的位置，把它**將死** (checkmate)。

國際象棋棋盤

小檔案　　　　　運動類別：　　　　　　　　桌上遊戲

主教　　　王后　　　國王

主教也能移動至任何距離，
但必須沿對角線移動。

世界級國際象棋賽事的
冠軍會被稱為「特級大師」
(Grandmaster)。

1886年，出生於現今捷克的棋手
威廉·斯坦維茨 (Wilhelm Steinitz)
成為了第一位正式的國際象棋世界
冠軍。

不同的方向

每枚棋子只能以特定的方式移動。
王后是最厲害的棋子，因為它能夠
橫行、直行和斜行至任何距離。

國際象棋的歷史

國際象棋相信源自**印度**遊戲**恰圖蘭卡**
（chaturanga，又稱古印度象棋），這
種遊戲大約在1,500年前誕生。現今國
際象棋採用的正式規則是在1880年代訂
立的。

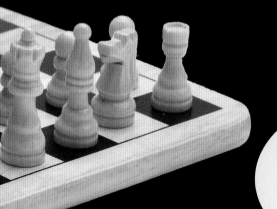

在中世紀歐洲，
國際象棋被用作傳授軍事
策略的工具。

對賽人數： 2　　　裝備： 棋盤、棋子

圍棋

圍棋是一種講求策略的桌上遊戲，於數千年前在中國發明，相信是至今人們仍然在玩的桌上遊戲中**最古老**的一種。

全球有數以百萬計的人下圍棋，而圍棋在中國、南韓和日本特別受歡迎。

使用黑色棋子

遊戲規則

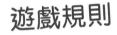

兩名棋手輪流在畫有格線的棋盤上放上自己的棋子，稱為落子。一名棋手用黑色的棋子，另一名則用白色的棋子。

棋子只能放在格線交叉處的位置上。落子後，棋子只在被對手的棋子包圍而被提掉的情況下，才能從棋盤上移去。

如果一枚棋子被對手的棋子從上下、左右四側包圍，棋子便會成為「俘虜」，被對手提掉。

提掉最多棋子，並在棋盤上佔據最多空間的棋手便是勝利者。

爭取領地

棋局結束時，棋手所佔領的「**地**」是以自己的棋子所包圍的格線中有多少個交叉點來計算的。

策略

棋手需要留意哪些棋子可以被提掉，下圍棋最重要的一部分就是要有**預先謀劃**的能力。

「劫」的規則

圍棋其中一項主要規則稱為「**劫**」，棋手不可通過提子，令棋局回復為對手落子之前的狀態，以免棋局無限循環。

2016年，人工智能電腦軟件AlphaGo成功擊敗南韓圍棋大師李世乭。

體壇故事

在世界各地，人們都對運動員推崇備至，因為運動員向我們證明了，只要肯努力，就能夠做出讓人讚歎的壯舉。從珠穆朗瑪峯的峯頂，到夏威夷的海浪之間，出現過無數啟發人心的時刻，成就了**體育史**上最精彩的故事。

史上首場馬拉松

馬拉松全長42.2公里，它是距離**最長**的奧運田徑賽事。它的名稱源自一個古希臘故事，故事的主角是一位名叫**菲迪皮德斯** (Pheidippides) 的士兵。

戰爭的捷報

根據一則古希臘傳說，在**公元前490年**，菲迪皮德斯從位於**馬拉松**的戰場，一路跑回雅典，以讓城內民眾知道希臘軍隊打敗了敵人。他全程奔跑了大約**40公里**。

馬拉松於1896年在雅典舉行的第一屆現代奧運會中成為比賽項目，當時希臘選手斯比利德・路易斯 (Spyridon Louis) 以2小時58分50秒的成績勝出賽事。

相傳菲迪皮德斯將戰勝的消息傳遞回雅典後，因為跑了太久，結果筋疲力竭而亡。

來自埃塞俄比亞的阿比比・比基拉 (Abebe Bikila) 是唯一一位連續兩屆奪得奧運金牌的馬拉松選手。

世界各地都會舉辦馬拉松比賽，連**南極洲**也不例外呢！

不斷奔跑！

西班牙田徑選手**里卡多・阿巴德** (Ricardo Abad) 於2010年10月1日至2012年5月29日的**607天**內，總共跑了**607次馬拉松**，非常驚人！

肯尼亞選手埃利烏德・傑祖基 (Eliud Kipchoge) 以2小時1分39秒的成績，創下史上最快的男子馬拉松紀錄。肯尼亞選手布里吉德・歌絲姬 (Brigid Kosgei) 以2小時14分4秒，成為女子馬拉松世界紀錄的保持者。

攀登珠穆朗瑪峯

珠穆朗瑪峯伸展至8,848米的高空,是全世界最高的山峯。許多年來,冒險家都嘗試登上珠穆朗瑪峯,但誰是**第一個**登上的人?

登上珠穆朗瑪峯需時約2個月。

攀登珠穆朗瑪峯的人需要帶備氧氣瓶,以幫助呼吸。

氧氣罩 →

登峯競賽

1856年,人們找出珠穆朗瑪峯是世上最高的山峯。從此,一場爭先登上山峯的**競賽開始**了。

艱巨的旅程

珠穆朗瑪峯位於喜馬拉雅山脈,這座山峯陡峭、嚴寒,而且非常高,因此峯頂附近一帶幾乎沒有氧氣。許多登山者嘗試登峯,卻以失敗告終。其中一名登山者喬治·馬洛里(George Mallory)曾被問及為什麼要挑戰如此危險的登山旅程,他回答說:「**因為山就在那裏。**」

我們在山峯上只停留了15分鐘，便回程下山了。

世界的屋脊

1953年5月29日，**艾德蒙·希拉里** (Edmund Hillary) 和**丹增·諾蓋** (Tenzing Norgay) 成為首兩名登上珠穆朗瑪峯的人。此後，有超過7,000人跟隨他們的步伐，陸續展開登峯之旅。

希拉里是來自紐西蘭的登山家與探險家，直到晚年他仍繼續探險。

諾蓋出生於喜馬拉雅山脈附近，是一位經驗豐富的登山者。他成立了一間公司，協助其他人登上珠穆朗瑪峯。

遺憾的是珠穆朗瑪峯如今已遍布垃圾，而且擠滿挑戰登峯的人，使這座山峯變得更危險。

日本登山家三浦雄一郎以80歲高齡，成為登上珠穆朗瑪峯的人之中最年長的一位。

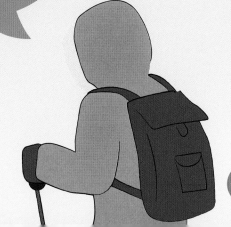

第一次完美的10分

1976年加拿大蒙特利爾奧運會上,羅馬尼亞體操選手**娜迪亞·歌曼尼茲** (Nadia Comǎneci) 獲得奧運史上第一次**滿分**,技驚世界。

在高低槓上的歌曼尼茲

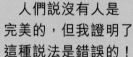

人們說沒有人是完美的,但我證明了這種說法是錯誤的!

無與倫比

歌曼尼茲第一次參與奧運會時年僅14歲,當時她在**高低槓**項目中的表演動作無懈可擊。當她完成比賽後,觀眾都熱切期待她的分數,不過結果有些不對勁,她竟然只獲得1.00分……

繼高低槓上的驚人表現後，歌曼尼茲在1976年的奧運會上接連獲得6次完美的10分。她亦在1980年獲得2面奧運金牌，不久後便退役，並於1989年移居至美國生活。

驕人成就

5 奧運金牌
1976年：個人全能*
1976年：高低槓
1976年：平衡木
1980年：平衡木
1980年：自由體操

2 世界體操錦標賽金牌
1978年：平衡木
1979年：團體賽

分數

1.00

……當時人們認為獲得滿分是不可能的事，因此計分板並沒有設計為能夠顯示10分，只好以1.00代替！

*女子個人全能包括高低槓、平衡木、跳馬和自由體操4個項目。

觀眾最初非常疑惑，不過當他們明白1.00代表10分後，全場便響起如雷貫耳的掌聲！

她表現得那麼出色，為什麼只得到1.00分呢？

4分鐘的1英里賽跑

多年來，許多田徑運動員曾嘗試在**4分鐘內**跑完1英里（約1.6公里），但往往以失敗告終。大部分人認為這是體能上的極限，無法做得到。

班尼斯特

打破紀錄的人

1954年5月，英國牛津大學醫科生**羅傑・班尼斯特** (Roger Bannister) 終於成功在4分鐘內跑完1英里，證明了人們的想法是錯的。

班尼斯特證明了人只要努力，便能達到任何目標。

挑戰不可能

比賽當天，班尼斯特以**3分0.7秒**跑過了四分之三英里的標記。這激勵他拚命前進，用盡身體裏的每分力量邁步，最終他以**3分59.4秒**衝過終點。

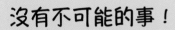

沒有不可能的事！

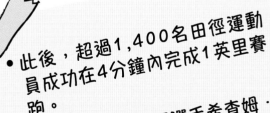

創造歷史

廣播員公布成績，讀出：「**3分——**」還未說完，觀眾便開始瘋狂歡呼。班尼斯特**創造了歷史**！

- 此後，超過1,400名田徑運動員成功在4分鐘內完成1英里跑。
- 1999年，摩洛哥選手希查姆·艾古魯治 (Hicham El Guerrouj) 以3分43.13秒的成績，刷新了1英里賽跑的世界紀錄。

奧運會上的謝斯·奧雲斯

在種族主義盛行的時代，謝斯·奧雲斯 (Jesse Owens) 證明了**奧運英雄**可以來自不同的身分階層，與皮膚的顏色無關。

奧運
主場館

1936年奧運會在德國首都**柏林**舉行。這時候，希特拉領導的納粹黨在德國執掌政權，使當時的局勢非常緊張。

1936年奧運會首次進行**電視直播**。納粹黨希望利用這項體育盛事，傳播他們的種族主義思想，提倡白人比任何有色人種更優秀。

不過美國選手**奧雲斯**證明他們錯得離譜。
他在100米賽跑、200米賽跑和跳遠比賽中
奪得了**3面個人項目的金牌**，並在男子
接力賽贏得他的**第4面**金牌。

奧雲斯的傑出表現，向世界發出了鼓舞人心的信息。

儘管這激怒了納粹政權，但大部分**德國民眾**
認為奧雲斯的表現**令人驚歎**，紛紛為他**歡呼
打氣**。

奧雲斯創下連奪4面田徑獎牌的壯
舉，直至1984年美國選手卡爾·劉
易斯 (Carl Lewis) 才再創傳奇。

167

陸上速度紀錄

自從汽車面世以來，它們的速度被改進得越來越快。這意味着人們能不斷競賽，看誰駕駛得**最快**。

英國的安迪·格林 (Andy Green) 創下的新紀錄，其前進速度比音速還要快，這產生了一種名為「音爆」的巨響，聽起來很像爆炸聲。

重大挑戰

早在速度紀錄出現之前，人們已一直舉行賽車比賽，不過官方速度紀錄有明確規定，汽車必須在**平坦的賽道**上來回各行駛超過1公里（現時以1英里計算），該紀錄才會獲得承認，而紀錄取**來回時間**的平均最高速度。

競賽開始

1898年，法國的加斯頓·德·沙瑟盧—洛巴 (Gaston de Chasseloup-Laubat) 駕駛**電動車**，創下每小時62.78公里（39.24英里）的速度紀錄。此後，人們便不斷嘗試創造新紀錄。

1904年，法國的路易斯·里戈利 (Louis Rigolly) 成為第一個駕車速度超過每小時100英里（160.93公里）的人。

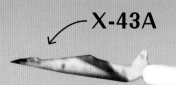

X-43A

現時的空中速度紀錄是每小時11,764.3公里，這驚人的速度是由無人機X-43A創下。

現時的水上速度紀錄由澳洲的肯‧瓦爾比 (Ken Warby) 保持，其速度達到每小時511.09公里。

超音速推進號

現時的兩輪車輛速度紀錄是每小時605.698公里，由美國的洛奇‧羅賓遜 (Rocky Robinson) 創下紀錄。

1927年，英國的亨利‧西格雷夫 (Henry Segrave) 成為第一個駕車速度超過每小時200英里 (321.87公里) 的人。

現時的陸上速度紀錄是每小時763.035英里（1,227.986公里），這個紀錄是在1997年由英國的格林駕駛噴射動力車「超音速推進號」(Thrust SSC) 創下的。

169

艾迪·艾考

艾迪·艾考 (Eddie Aikau) 是美國夏威夷一名滑浪運動員兼救生員,他被視為**夏威夷的英雄**與**滑浪界的傳奇人物**,讓人們深深懷念。

艾迪擔任**救生員**時,經常運用他的滑浪板來拯救陷入危險的人。他拯救過超過500人,儘管他看管的海灘經常有洶湧的海浪,但從來沒有人在那裏遇溺身亡。艾迪英勇救人的行為令他聲名大噪。

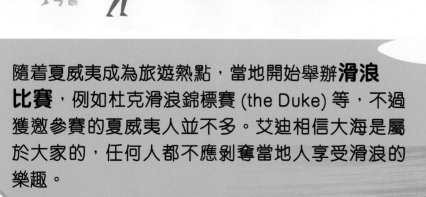

隨着夏威夷成為旅遊熱點,當地開始舉辦**滑浪比賽**,例如杜克滑浪錦標賽 (the Duke) 等,不過獲邀參賽的夏威夷人並不多。艾迪相信大海是屬於大家的,任何人都不應剝奪當地人享受滑浪的樂趣。

杜克滑浪錦標賽舉行時，艾迪就在參賽者身後滑浪，他的技巧令所有人都歎為觀止，他因此獲邀參加下一屆比賽。他的弟弟克萊德（Clyde Aikau）在1973年勝出比賽，而艾迪亦在1977年**奪冠**。

艾迪曾乘着高達12米的海浪前進！

專門挑戰巨浪的艾迪滑浪比賽 (the Eddie) 每年都會舉行，以向艾迪致敬。

葬身大海

1978年，艾迪與一隊船員乘坐獨木舟前往大溪地，途中卻遇上風暴，使獨木舟滲水。艾迪於是划動滑浪板，嘗試尋求**救援**。

數小時後，有一架飛機發現了那艘獨木舟，那隊船員**獲救**了。不過令人難過的是，艾迪從此下落不明。

艾迪至今仍為人們所懷念。在夏威夷各地，人們會以「艾迪會去做」(Eddie would go) 這句話來表示自己願意承受風險去做正確的事情。

游過英倫海峽

英倫海峽 (English Channel) 是一片**狹長的海洋**，寬 36 公里，位於英國和法國之間。1875年，英國的**馬修·韋伯** (Matthew Webb) 成為了第一個成功游過英倫海峽的人。

1875年8月24日，韋伯從英格蘭城市多佛（Dover）的海邊出發。

登上珠穆朗瑪峯的人比游過英倫海峽的人還要多。

1926年，美國的**格特魯德·埃德爾** (Gertrude Ederle) 成為了第一位游過英倫海峽的女性。

韋伯游往法國，身後有3艘小船護航。

**1875年
8月
24**

在途中，韋伯要與強勁的水流對抗，也曾被水母螫傷，但他仍堅持繼續向前游。

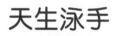

天生泳手

游過英倫海峽曾被視為不可能的事，不過韋伯並非一般的泳手，他年幼時已學會游泳，並擔任**水手**多年。

灰鼻角

經過21小時45分鐘，韋伯雖然筋疲力盡，但終於完成創舉，成功抵達法國，並在灰鼻角（Cap Gris-Nez）附近登岸。

2012年，澳洲的**特倫特·格里姆塞**(Trent Grimsey)以**6小時55分**游過英倫海峽。

英國泳手**艾莉森·斯特里特**(Alison Streeter)曾游過英倫海峽**43次**，令人歎為觀止。

世上有許多出色的運動員，當中更有一些是**精英中的精英**。從打破紀錄到贏取金牌，這些運動員具備爭勝的天賦。讓我們進入運動名人堂，認識一些史上最頂尖的運動員吧！

莎蓮娜‧威廉絲

美國網球選手莎蓮娜‧威廉絲 (Serena Williams) 出生於1981年，她是史上其中一位**最出色**的網球員，稱霸球壇。

網球天才

莎蓮娜**3歲**時便開始打網球，**14歲**時成為職業網球選手，並在4年後首次贏得**大滿貫賽事**，這當然不會是最後一次！

莎蓮娜十分擅長發ACE球呢！

最偉大的球員

這只是莎蓮娜**驕人職業生涯**的開端。截至2019年，她已贏得了**23個**大滿貫賽事單打冠軍，**14個**大滿貫賽事雙打冠軍，並在職業生涯中保持了**319個**星期女子世界排名第一的紀錄。

威廉絲亦贏得4面奧運金牌。

莎蓮娜的姐姐雲露絲·威廉絲 (Venus Williams) 亦是史上其中一名最優秀的網球選手。當她們組隊出戰雙打賽事的時候，幾乎所向無敵。

職業生涯焦點

莎蓮娜勝出美國網球公開賽6次、澳洲網球公開賽7次、法國網球公開賽3次，以及溫布頓網球錦標賽7次。

她曾經連續186個星期登上女子世界排名第一。

1

33 她曾33次進入大滿貫單打賽事決賽，並勝出了其中23次。

她曾9次在大滿貫賽事的決賽中，和姐姐雲露絲·威廉絲對戰，她勝出了其中7次。

9

她是史上收入最多的女運動員。

她除了是網球界的傳奇人物外，也是一位成功的時裝設計師。

老虎活士

有「**老虎**」之稱的艾德瑞克·活士 (Eldrick "Tiger" Woods)，於1975年在美國出生。不僅是在高爾夫球界，對整個體壇而言，他都是史上其中一位最知名、成就最非凡的運動員。

年紀輕輕的老虎

活士在父親的指導下，年僅**2歲**便開始打高爾夫球，並馬上展現出驚人的天分。他的球技非常出眾，甚至於同年獲邀參與電視節目，展示他的高爾夫球技術。

大師中的大師

活士參加過少年錦標賽，其後轉為職業選手，並在1997年**美國大師賽**中勝出，那是其中一個規模最大的高爾夫球錦標賽。21歲的活士以破紀錄的12桿勝出賽事，馬上成為全球矚目的超級新星。

色彩的力量

每逢錦標賽最後一天的賽事，活士總是會穿上一件**紅色球衣**，這是源於他的母親相信紅色是他的「能量色彩」。

職業生涯焦點

15 他曾奪得15個主要高爾夫球賽事的冠軍。

他是僅有5名贏得高爾夫球四大主要賽事的球手之一。 **5**

82 他曾奪得82個PGA（美國職業高爾夫球員協會）巡迴賽冠軍。

1 他在2005至2010年間，連續281個星期保持世界排名第一。

20 他在職業生涯中曾經20次一桿入洞。

他的成功，為自己賺得超過10億美元！

5 他曾5次勝出美國大師賽。

尚恩・韋特

尚恩・韋特 (Shaun White) 在1986年出生於美國加州，**6歲**時開始學習單板滑雪，此後他成為了史上**最成功**的單板滑雪選手。

韋特的綽號是「飛行番茄」，因為在他成名時，留有一把非常長的紅色頭髮。

連奪三金

韋特在2006年及2010年的冬季奧運會上獲得**金牌**。到了2018年，他再次奪得冬季奧運金牌，成為歷來首位贏得**3面**金牌的單板滑雪選手。

在2010年的冬季奧運會上，韋特知道自己在首兩輪比賽中的表現非常出色，即使挑戰雙麥克轉體失敗亦能勝出，於是他決定向觀眾展示這種花式！

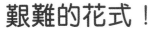

艱難的花式！

在韋特的運動員生涯中，其中一個焦點是他在2010年冬季奧運會上完成了一種難度極高的花式，稱為「**雙麥克轉體1,260度**」(Double McTwist 1260)。這種花式需要接連完成**2個空翻**和**3圈半的轉體**呢！

7

他在7歲的時候，首次贏得單板滑雪比賽冠軍。

他在2003年首次成為全國冠軍，當時他只有16歲呢！ **16**

3

他是史上首位獲得3面奧運金牌的單板滑雪選手。

13

他在世界極限運動會 (X Games) 單板滑雪項目中獲得13面金牌，創下了獲得最多金牌的紀錄。

他也是一名職業滑板選手。

蓮絲・禾恩

美國運動員蓮絲・禾恩 (Lindsey Vonn) 是史上最令人雀躍和最**成功**的滑雪選手，她獲勝的次數比任何女滑雪選手都要多。

禾恩贏得第8面世界滑雪錦標賽獎牌後，於2019年宣告退役。

滑雪世家

禾恩的父親和祖父都是競賽滑雪的選手，禾恩跟隨他們的腳步，年僅**2歲**時便挑戰滑雪坡道！到了9歲時，她已經開始參加國際比賽。

鋼鐵般的意志

禾恩的成就得來不易，她經歷數次嚴重的**傷患**，幾乎斷送了她的滑雪生涯，不過她努力地克服困難，捲土重來爭勝。

> 我曾說過我討厭寒冷，這成為了我的名言！

職業生涯焦點

滑雪世界盃的獎盃

4 歷來只有2位女運動員4次贏得滑雪世界盃總冠軍，禾恩是其中之一。

她是第一位在奧運會上奪得落山賽金牌的美國女運動員。 **1**

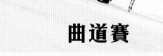

曲道賽

禾恩在其職業生涯中獲得了82次滑雪世界盃高山滑雪賽事冠軍——是歷來第二多的獲勝次數。

6 歷來只有6名女運動員贏得滑雪世界盃中高山滑雪全部5個項目，她是其中之一。

她在16歲時首次在滑雪世界盃中比賽。

16

金妍兒

南韓體壇巨星金妍兒是世界上其中一位最受人**愛戴**的花式滑冰運動員。

金妍兒運用自身的名氣和成就去幫助他人,曾向慈善機構捐贈大筆款項。

滑冰的天賦

金妍兒在6歲時開始滑冰,當時她在殘舊的溜冰場中受訓,而且只能穿着不合腳的滑冰鞋。不過她在滑冰界大放異彩,12歲時成為了南韓的花式滑冰全國冠軍,15歲時更奪得**世界青年花式滑冰錦標賽冠軍**。

花式滑冰的明星

金妍兒成為了第一位贏得花式滑冰**4個**大滿貫賽事冠軍的女運動員，包括：冬季奧運會、世界花式滑冰錦標賽、四大洲花式滑冰錦標賽和花式滑冰大獎賽總決賽。

16歲時，金妍兒移居至**加拿大温哥華**，在當地的溜冰場受訓。

在2010年温哥華冬季奧運會上，金妍兒奪得金牌，並創下了**新的世界紀錄**。

金妍兒在2014年俄羅斯索契冬季奧運會結束後便退役，當時她年僅23歲。4年後，南韓舉辦2018年平昌冬季奧運會，她獲選在開幕典禮上點燃聖火。

尤塞恩‧保特

尤塞恩‧保特 (Usain Bolt) 的速度雖然未如閃電般快，不過他仍是史上**速度最快的人**，也是歷來最出色的短跑選手。

天生的跑手

保特於1986年在牙買加出生，年少時已顯露出其短跑天分。15歲時，他在世界青年田徑錦標賽中奪得200米賽跑金牌，成為史上最年輕的金牌得主，而他的運動員生涯才**剛剛開始**……

閃電保特

保特在2008年中國北京奧運會上創造歷史，接連打破了100米賽跑和200米賽跑的**世界紀錄**。在2009年德國柏林舉行的世界田徑錦標賽中，他繼續以絕佳狀態，再次打破這兩項世界紀錄！

保特小時候亦是一位出色的板球員和足球員。

保特著名的慶祝姿勢，來自一個牙買加的旅遊廣告，代表「邁向世界」。

保特曾捐款保護肯尼亞的野生動物，例如獵豹──地球上速度最快的陸上動物。

保特曾經在其中一隻跑鞋的鞋帶鬆掉下，刷新了100米賽跑的世界紀錄。

職業生涯焦點

9.58 他擁有100米賽跑的世界紀錄，成績是9.58秒。

他擁有200米賽跑的世界紀錄，成績是19.19秒。 **19.19**

8 他獲得了8面奧運金牌。

11 他在世界田徑錦標賽中贏得了11面金牌。

在他的職業生涯中，最快的速度達每小時44.72公里。 **44.72**

他還是跑得不夠我快！

他是人類史上跑得最快的人！

2004年雅典奧運金牌

2008年北京奧運金牌

米高・菲比斯

憑藉**23面金牌**，美國泳手米高・菲比斯 (Michael Phelps) 成為歷屆奧運參賽泳手中，成就最非凡的一位。

訓練期間，菲比斯每天都會游泳約5小時。

鋒芒畢露的菲比斯

菲比斯在7歲時開始游泳，到了**15歲**時已獲得參加2000年澳洲悉尼奧運會的資格。4年後，他開始不斷打破各項紀錄。

2012年倫敦奧運金牌

2016年里約熱內盧奧運金牌

奪金之路

菲比斯在2004年奧運會上贏得**6面**金牌。4年後,他以**8面**金牌打破單次奧運會中獲得最多金牌的紀錄。在2012年奧運會,他仍然保持奪金優勢,最終贏得**4面**金牌。到了2016年,這位泳壇巨星奪得**5面**金牌,為其職業生涯畫上漂亮的句號。

> ## 吃飯、睡覺和游泳,這就是我每天做的事情!

游泳機器的能源

游泳會消耗大量體力,而菲比斯的飲食習慣也讓人嘖嘖稱奇。以下是他為出戰2008年奧運會,在受訓期間每天所吃的食物:

5隻雞蛋分量的奄列

2杯咖啡

3份煎蛋火腿芝士三文治

1個薄餅

2份火腿芝士三文治

3片朱古力班戟

1碗玉米粥

能量飲品

數片西多士

2碟意大利粉

拳王阿里

美國拳王穆罕默德·阿里 (Muhammad Ali) 被譽為「**最強大的人**」(The Greatest)，是史上最著名的拳擊手之一，亦是20世紀其中一位**舉世知名的人物**。

比賽前，阿里會預測自己在哪個回合勝出，而他經常猜對！

拳王的過去

阿里原名**卡修斯·克萊** (Cassius Clay)，在12歲時開始接觸拳擊運動。他在1960年意大利羅馬奧運會上奪得一面**金牌後**，一舉成名。

改名換姓

從奧運會上凱旋而歸後，他改名為**穆罕默德·阿里**，並在**1964年**首次成為世界重量級拳擊冠軍，贏得冠軍腰帶。

世界冠軍腰帶

大約10億人曾觀看阿里與拳手喬治．福爾曼 (George Foreman) 著名的「叢林之戰」。

阿里的拳擊風格講求速度，他曾說過自己「像蝴蝶般飄動，像蜜蜂般出擊」。

拳擊傳奇

阿里在1967年因宗教理由，**拒絕在越戰期間加入美軍作戰**，被褫奪了世界冠軍頭銜。不過他在1970年重返拳擊界，此後再贏得2次冠軍。

對許多人而言，阿里是一位英雄，這不僅是因為他的拳術高超，亦因為他敢於捍衛自己的信念。

林丹

中國運動員林丹在5歲時便開始打羽毛球，他長大後成為了**歷來**最出色的羽毛球手和體壇巨星。

世界羽毛球錦標賽

奧運會

林丹 曾奪得

林丹在1983年出生於中國福建省龍巖市。

最偉大的球手

林丹在少年時便成為了職業羽毛球手，到19歲時已是**世界排名第一**的球手。他擁有多項紀錄，包括成為唯一一位連續贏得兩屆奧運金牌的男羽毛球手。

全英羽毛球
公開賽

羽毛球
世界盃

湯姆斯盃

亞洲羽毛球
錦標賽

亞運會

蘇迪曼盃

世界羽聯超級
系列賽總決賽

在林丹年幼時，他的父母曾希望他彈鋼琴，不過他放棄了，從此專注於羽毛球上。

5次世界羽毛球錦標賽冠軍！

超級丹的超級擊球

林丹被其中一名對手稱為「**超級丹**」。他是史上唯一一位選手，能夠在羽毛球的**9個**主要賽事中全取冠軍（稱為羽毛球全滿貫）。

利昂內爾·美斯

許多人視利昂內爾·美斯 (Lionel Messi) 為其世代中最出色的足球員，部分人更認為他是**歷來最佳**的足球員。

早期生活

美斯在1987年出生於**阿根廷**。童年時，他患上一種會令生長速度減慢的疾病，然而這沒有掩蓋美斯極具足球天分的事實。在12歲時，他獲邀參加西班牙球會巴塞隆拿的青年隊球員選拔。

巴塞隆拿非常欣賞美斯的球技，決定為他支付醫療費用。

美斯的綽號是「小跳蚤」，因為他快速衝刺的足球風格，令他成為防守球員眼中的「害蟲」。

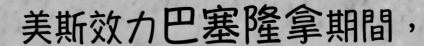

美斯效力巴塞隆拿期間，

美斯的第一份合約是寫在一張紙餐巾上的！巴塞隆拿對美斯的足球天分感到不可思議，希望馬上與他簽訂球會合約。

至2019年，美斯6次獲得金球獎的殊榮，這個獎項是給予全球最出色的足球員。

美斯移居西班牙，並與巴塞隆拿簽約，成就了後來的足球傳奇。

冠軍級球員的職業生涯

美斯年僅17歲，便首次代表巴塞隆拿出戰，並協助球會獲得數量驚人的冠軍頭銜，包括10次奪得西班牙甲組足球聯賽冠軍，還有4次在歐洲冠軍盃中奪冠。

曾參與超過600場賽事。

職業生涯焦點

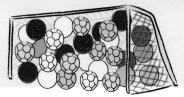

91
2012年，美斯為巴塞隆拿及阿根廷國家隊射入91球。

9
他9次成為西班牙甲組足球聯賽最佳前鋒，是紀錄保持者。

400
他是唯一一名球員在西班牙甲組足球聯賽中有超過400個入球。

68
他是阿根廷國家隊史上入球最多的球員，共有68球。

21
在2012至2013年賽季，他在西班牙甲組足球聯賽中連續21場入球。

10
像許多足球傳奇巨星一樣，他亦穿着10號球衣。

當勞·布萊德曼

澳洲運動員當勞·布萊德曼 (Donald Bradman) 是板球界的 **傳奇人物**。他所創造的其中一項紀錄令人驚歎，被視為運動史上最偉大的成就之一。

打擊率：

99.94

打擊率

在板球與棒球運動中，人們會用打擊率來衡量擊球手有多**成功**。板球的打擊率是以擊球手的得分除以他出局的次數。

布萊德曼創下最佳打擊率 99.94，第二佳的打擊率是 61.87，由澳洲球手亞當·沃格斯 (Adam Voges) 創下。

澳洲

最佳球手

布萊德曼在1928年首次代表澳洲出戰板球賽，當時20歲的他已成為賽事中的最佳擊球手。在他20年的職業生涯中，可說是勢不可擋。

布萊德曼成為澳洲的標誌，當地甚至曾發行他的紀念郵票和硬幣。

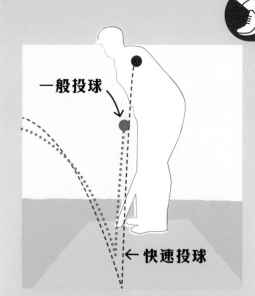

一般投球

←快速投球

快速突擊

為了擊敗布萊德曼，澳洲隊的宿敵英格蘭隊發明了一種名為「快速投球」的新戰術（瞄準擊球手而不是三柱門）。英格蘭隊勝出了那場比賽，但布萊德曼卻是最後的勝利者——他此後從未敗給英格蘭。

← 沃格斯

小時候，布萊德曼會用板球門柱當作球拍，擊打高爾夫球來練習。

勒邦‧占士

勒邦‧占士（LeBron James）有「大帝」之稱，被譽為歷來最出色的**籃球員之一**。

占士出生於美國俄亥俄州。小時候，他已展現出極高的籃球天分，16歲時已登上雜誌封面，全國知名。

大帝崛起

18歲時，占士在NBA選秀會中成為首名獲選的球員，是歷來**最年輕**的選秀狀元。更厲害的是，他被其家鄉的克里夫蘭騎士隊選中後，很快便成為聯盟裏最佳球員之一。

轉換球會

占士在騎士隊效力數年後，轉投**邁亞密熱火隊**，並在2012年及2013年贏得了2次NBA總冠軍。2014年他重投**騎士隊**，並在2016年帶領球隊獲得史上首次NBA總冠軍。2018年，他加入了**洛杉磯湖人隊**。

占士亦因熱心助人而知名。他曾在家鄉俄亥俄州的阿克倫 (Akron) 創立了一間名為「我承諾」(I Promise) 的學校，幫助有需要的兒童。

職業生涯焦點

1
他是NBA史上最年輕的選秀狀元。

2
他代表美國國家男子籃球隊奪得2面奧運金牌。

3
現時他在NBA球員生涯總得分排行榜中名列第三。

3
他3次奪得NBA總冠軍。

4
他4次獲選NBA最有價值球員 (MVP)。

體育盛事

　　當最出色的隊伍與運動員**聚首一堂**，會發生什麼事情呢？當然會有許多精彩刺激的比賽！來自世界各地的人會一起前來參與這些體育盛事，觀看運動員進行競賽，看看誰是最出色的，而最重要的是享受無窮的樂趣！

夏季奧林匹克運動會

夏季奧林匹克運動會是全球最受歡迎的**體育盛事**。來自世界各地的頂尖運動員齊集一起進行競賽，看看誰是精英中的**精英**。

不止是運動比賽

雖然人們聚集起來主要是為了進行運動比賽，但奧運會的特別之處，在於它不止是運動比賽，還是全世界一同**歡慶**的時刻。

今昔奧運

現代奧運會啟發自許多年前在希臘舉辦的古代奧運會，法國人**皮爾·德·顧拜旦**(Pierre de Coubertin)是推動復興奧運會的幕後功臣。

第一屆現代奧運會在1896年於希臘雅典舉行。

顧拜旦

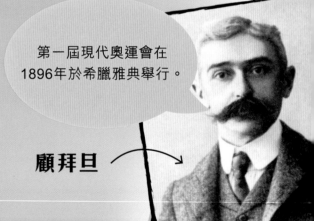

從數字看奧運

| 每隔 **4** 年舉辦 | **33** 種不同運動 | **339** 項比賽 | **1** 個盛大的慶典！ |

在2020年日本東京奧運會上，

1988年
南韓漢城
（今稱首爾）

1992年
西班牙
巴塞隆拿

1996年
美國
亞特蘭大

2000年
澳洲悉尼

2004年
希臘雅典

2008年
中國北京

2012年
英國倫敦

2016年
巴西里約
熱內盧

2020年
日本東京

主辦城市

奧運會每4年舉行一次，每次都會由不同的**城市**主辦，以象徵各國通力合作，並宣揚不同的文化。

奧運聖火

人們從希臘奧林匹亞的古代奧運遺址裏採集**火焰**，其後火炬會由不同的人接力傳遞，直至到達奧運會的比賽場地。火炬用於點燃奧運聖火，這熊熊烈火在奧運會期間會一直燃燒。

在第一屆現代奧運會上，勝出者都會獲得一根橄欖枝。不過自1904年以來，得獎運動員都會獲頒發金牌、銀牌和銅牌，分別代表第一、第二和第三名。

美國泳手菲比斯是史上最成功的奧運選手，他在職業生涯中贏得23面奧運金牌，令人讚歎不已。

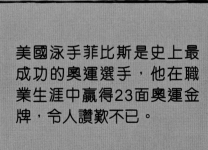

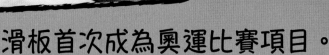

滑板首次成為奧運比賽項目。

冬季奧林匹克運動會

就像夏季奧運會一樣，冬季奧運會亦是每**4年**舉行一次，不過所有比賽項目都是在**雪地**和**冰地**上進行。

冬季奧運會曾在12個不同的國家舉行，橫跨歐洲、北美洲和亞洲。

冬季奧運會的歷史

第一屆冬季奧運會於1924年在法國山區小鎮**霞慕尼** (Chamonix) 舉行。直到1992年，夏季和冬季奧運會都是在同一年舉行，而現在它們則相隔2年舉行。

冰上曲棍球

過去

2018年冬季奧運會在**南韓平昌**舉行，當中包括：

來自 **92** 個國家

包括 **7** 種運動

2,833 名參賽者

102 項比賽

50 個滑雪相關的項目

1994年 挪威利勒 哈默爾	1998年 日本長野	2002年 美國鹽湖城	2006年 意大利都靈	2010年 加拿大溫哥華	2014年 俄羅斯 索契	2018年 南韓平昌	2022年 中國北京

有舵雪橇

挪威稱霸

沒有一個國家在冬季奧運會的表現能及得上**挪威**。挪威運動員在歷屆獎牌榜中居於首位，金牌數量（132面）和整體獎牌數量（368面）均領先各國。

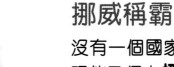

挪威越野滑雪選手瑪麗特·比約根 (Marit Bjørgen) 是史上最成功的冬季奧運選手，她曾贏得15面獎牌，當中8面是金牌。

比約根

未來

2022年冬季奧運會在**中國北京**舉行，涉及7種運動，共109項比賽：

- 冬季兩項
- 有舵雪橇
- 冰壺
- 冰上曲棍球
- 無舵雪橇
- 滑冰
- 滑雪

殘疾人奧林匹克運動會

殘疾人奧林匹克運動會是專為殘疾運動員舉行的**國際運動比賽**，設有夏季和冬季殘奧會，同樣是每4年舉行一次。

起源

1948年，神經外科醫生盧域·格特曼爵士 (Sir Ludwig Guttmann) 在英格蘭一間醫院舉辦了一個運動比賽，讓在**第二次世界大戰**中受傷致殘的士兵參加。4年後，來自荷蘭的選手加入比賽，成為殘奧會的雛形。

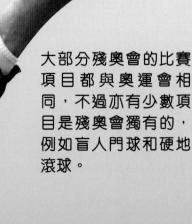

大部分殘奧會的比賽項目都與奧運會相同，不過亦有少數項目是殘奧會獨有的，例如盲人門球和硬地滾球。

義肢

美國選手特里莎·佐恩 (Trischa Zorn) 是史上最成功的殘奧運動員，她在1980至2004年間贏得驚人的41面游泳金牌。

殘奧會

第一屆殘奧會於1960年在意大利羅馬舉行。時至今日，夏季和冬季殘奧會分別與夏季和冬季奧運會在**相同的國家**裏舉行，並成為世界體壇賽事的重要部分。

殘奧會的英文是「Paralympics」，其中「Para」源自希臘文，意指「鄰近的」，因為殘奧會緊接着奧運會而舉行。

比賽項目

殘奧會包括逾20種運動，設有數百項比賽，例如田徑、輪椅籃球、單車、游泳及輪椅劍擊等。參賽運動員包括失明人士，失去肢體或是只能乘坐輪椅活動的人，還有其他不同的殘疾人士參與。

「讓我獲勝吧，但如果我無法獲勝，就讓我勇敢挑戰。」

特殊奧林匹克運動會

每隔2年，來自各地有**學習障礙**的**運動員**都會聚首一堂，在特殊奧林匹克運動會中進行比賽。

2019年夏季特殊奧運會在阿布扎比舉行，超過7,000名運動員參賽，他們來自約190個國家。

向世界展示

1968年，第一屆特殊奧運會舉行。當時殘疾人士往往**被拒絕參與**體育活動，而特殊奧運會正證明了所有運動員都能夠做到令人驚歎的事情。

席萊佛

儘管特殊奧運會每2年舉行一次，但這項盛事讓有學習障礙的兒童和成人在全年裏都能參與運動。

席萊佛的夏令營

特殊奧運會是由美國人尤妮絲‧甘迺迪‧席萊佛 (Eunice Kennedy Shriver) 構思而成。在1960年代，席萊佛發現有學習障礙的孩子不獲准參與夏令營，因此她決定在自己的農莊裏舉辦特別的**夏令營**，這便是特殊奧運會的開端。

全球大約有2億人有學習障礙。

特殊奧運會包括了夏季和冬季賽事。

世界盃

世界盃是一項大型的**國際足球**錦標賽，每**4年**舉辦一次，以決定哪個國家的足球隊最出色。

全球最大的舞台

沒有任何事物能比世界盃更受人注目呢！2018年的世界盃大約有**35億**人觀看賽事，這大約是**全球總人口的一半**！

賽制

第一屆世界盃於1930年在烏拉圭舉行。世界盃賽事設有分組賽和淘汰賽兩部分，由32支隊伍對賽，爭取勝利。不過從2026年開始，世界盃將會有48支隊伍參賽。

世界盃獎盃

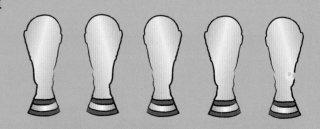

巴西是獲勝最多的國家，
共奪得5次世界盃冠軍。

只有8個國家曾在
男子世界盃中勝出：

巴西
（5次）

意大利
（4次）

德國
（4次）

法國
（2次）

烏拉圭
（2次）

阿根廷
（2次）

英格蘭
（1次）

西班牙
（1次）

只有4個國家曾在
女子世界盃中勝出：

美國
（4次）

德國
（2次）

日本
（1次）

挪威
（1次）

女子世界盃

國際足協女子世界盃於**1991年**首次舉行。就像男子賽事一樣，女子世界盃也是每4年舉行一次。**美國**是迄今成績最優秀的隊伍，曾**4次**奪冠。

超級盃

超級盃是決定**美式足球**冠軍的賽事，由32支隊伍競逐殊榮，但只有1隊能勝出。

決一勝負

超級盃通常在每年2月的第一個星期日舉行。球隊先完成共16場賽事的球季，再參加**季後賽**，敗陣的球隊會被淘汰，最後留下的2隊便會在超級盃中對決。

2015年的超級盃由新英格蘭愛國者隊對戰西雅圖海鷹隊，共有1億1,440萬人收看！

柏迪

湯・柏迪 (Tom Brady) 贏得超級盃的次數比其他球員都要多。

獎盃

勝出超級盃的隊伍所獲得的獎盃稱為「隆巴迪盃」(Vince Lombardi Trophy)，以贏得首兩屆超級盃隊伍的傳奇**教練**來命名。

隆巴迪盃

歌手會在超級盃的中場時間舉行一場精彩的音樂會，而企業會花上數百萬美元在休息時間播放廣告。

美國人在超級盃舉行當天所吃掉的食物，幾乎比任何一天都要多，只有感恩節能與之匹敵。

綠灣包裝工隊

堪薩斯城酋長隊

周日對決

第一屆超級盃在1967年舉行，由**綠灣包裝工隊**對**堪薩斯城酋長隊**。超級盃舉行的日子被稱為「**超級盃星期天**」。

213

印第安納波利斯500

印第安納波利斯500（Indianapolis 500）又稱為**印第500**，是全球**歷史最悠久的賽車項目**，第一屆賽事在1911年舉行。

印第500的歷史

這項賽事於每年5月在美國印第安納州的印第安納波利斯賽車場舉行。比賽非常漫長和花費精神，需要大約**3小時**才能完成。賽車手需要高超的駕駛技巧，以及高度的集中力。

轟隆隆隆！

為何稱為500？

賽事使用的橢圓形賽道長**2.5英里**（約4公里）。賽車手需要完成**200個圈**，即等於**500英里**（約805公里）。這就是賽事稱為印第500的原因！

賽事於1965年首次在**電視**上播放；在此之前，人們只能從**收音機**收聽賽事旁述。

自1930年代起，每年賽事的冠軍都會喝下一瓶牛奶，或將牛奶倒在頭上來慶祝勝利。

同時贏得印第500、摩納哥格蘭披治和利曼24小時耐力賽的賽車手，被譽為「賽車運動的三冠王」。

大贏家
有3名美國選手均贏得**4次**冠軍，在奪冠最多的紀錄上平手。

福伊特
(A. J. Foyt)

昂瑟
(Al Unser)

米爾斯
(Rick Mears)

環法單車賽

環法單車賽（Tour de France）是全球最有名的單車比賽項目。賽事非常**艱辛勞累**，部分賽段更位於高山上。

在單車上

環法單車賽是由不同的**分段賽**組成。整場比賽大約進行3星期，路程覆蓋數千公里。每年的賽事路線都不同，但終點必定是在巴黎。

儘管大部分分段賽都在法國舉行，

比利時選手艾迪·莫克斯 (Eddy Merckx)、法國選手博納·伊諾 (Bernard Hinault) 和雅克·恩奎蒂爾 (Jacques Anquetil)，以及西班牙選手米格爾·安杜蘭 (Miguel Induráin) 均曾**5次**勝出環法單車賽。

莫克斯是單車界的傳奇，他創下在環法單車賽**奪得最多分站冠軍**的紀錄，共勝出了34次。

← 莫克斯

戰衣

在特定項目中領先的單車手，比賽時會穿上有**特別顏色的戰衣**：

總成績領先的車手穿着黃色戰衣。

衝刺成績領先的車手穿着綠色戰衣。

在高山分段賽領先的車手穿着波點戰衣。

第一屆環法單車賽在1903年舉行，參賽車手會在咖啡店停下休息。

但有時亦會經過其他國家。

1989年，經過3,285公里的路程後，葛雷格·雷蒙德 (Greg LeMond) 以**8秒**之差，力壓其後的選手成為冠軍。這是環法單車賽中**賽果最接近**的一次。

法國選手西爾萬·沙瓦內爾 (Sylvain Chavanel) 擁有環法單車賽**出戰次數**最多的紀錄，共參賽18次。

↙ **沙瓦內爾**

網球大滿貫

網球賽季圍繞着**4個**大型錦標賽而展開，這4個賽事稱為「大滿貫」。要勝出一場大滿貫賽事，運動員必須與世界頂尖網球高手對決，並連續在7場比賽中獲勝。

澳洲網球公開賽

澳洲網球公開賽於每年1月在墨爾本舉行，以往曾在草地球場比賽，但如今改為**硬地球場**。

德國選手施特菲·嘉芙 (Steffi Graf) 創下連續13次闖入大滿貫賽事決賽的紀錄。

嘉芙

法國網球公開賽

法國網球公開賽採用的**紅色泥地**會令球速減慢，球的反彈亦較高，這對於以極大力量擊球的選手比較有利。賽事於每年6月在巴黎舉行。

拿度

西班牙網球手拉斐爾·拿度 (Rafael Nadal) 是泥地賽的王者，他在法國網球公開賽中贏得12次冠軍，成績非常驚人！

每個大滿貫賽事大約使用5萬個網球！

最成功的男子單打網球選手是奪得20個冠軍頭銜的瑞士球手羅傑·費達拿 (Roger Federer)，女子單打網球選手是贏得24個冠軍頭銜的澳洲球手瑪格麗特·考特 (Margaret Court)。

溫布頓網球錦標賽

溫布頓網球錦標賽是歷史最悠久、最為人熟悉的大滿貫賽事，每年7月在英格蘭舉行。這是唯一在**草地球場**上舉行的大滿貫賽事，球在草地的移動速度**最快**，反彈高度亦最低。

←佩利

迄今只有8名男子選手和10名女子選手曾贏得全數4個大滿貫賽事，首次達成此榮譽的是英國球手弗雷德·佩利 (Fred Perry)。

美國網球公開賽

大坂直美

就像澳洲網球公開賽一樣，美國網球公開賽也是在**硬地球場**上舉行。硬地的球速比泥地快，但比草地慢。賽事於每年9月在紐約舉行。日本網球選手大坂直美就是在美國網球公開賽中，奪得她職業生涯中首個大滿貫賽事冠軍。

中英對照索引

鳴謝

The publisher would like to thank the following for their kind permission to reproduce their photographs:

Key: a= above; b=below/bottom; c=centre; f=far; l=left, r=right, t=top.

1 Alamy Stock Photo: Yolanda Oltra (cra). **Dreamstime.com:** Neil Lockhart (cb); Raja Rc / Rcmathiraj (b). **Getty Images:** Chris Elise / NBAE (l). **2 Alamy Stock Photo:** TGSPHOTO. **Dreamstime.com:** Volodymyr Melnyk (br); Stephen Noakes (bc). **Getty Images:** Stanislav Krasilnikov\ TASS (cr). **2-3 Dreamstime.com:** Raja Rc / Rcmathiraj (b). **3 123RF.com:** Roman Stetsyk (cb). **Alamy Stock Photo:** Artokoloro Quint Lox Limited (c). **Dreamstime.com:** Skypixel (cr). **iStockphoto.com:** pidjoe (bl). **4 Dreamstime.com:** Sergeyoch (tr); Roman Stetsyk (cb). **Getty Images:** Baptiste Fernandez / Icon Sport (br). **5 Dreamstime.com:** Artisticco Llc (tr). **Getty Images:** TF-Images (bc). **6 123RF.com:** Fabio Pagani (c). **Alamy Stock Photo:** Cultura Creative (RF) (br); sportpoint (clb). **Dreamstime.com:** Walter Arce (bc). **Getty Images:** Wally McNamee / Corbis (cra). **7 Getty Images:** Ben Stansall / AFP (tl); Denis Doyle (crb); TPN (bc). **8 Dreamstime.com:** Branchecarica (cla); Vladimir Kulakov (c). **Getty Images:** Foto Olimpik / NurPhoto (cla/Speedway). **8-9 123RF.com:** Marina Scurupii (Background). **9 Dreamstime.com:** Petesalouitos (ca); Skypixel (bc). **Getty Images:** Jamie McDonald (cl). **12-13 Dreamstime.com:** Montypeter (Background). **13 Alamy Stock Photo:** Entertainment Pictures (crb). **14-15 Alamy Stock Photo:** Cultura Creative (RF) (c). **15 Dreamstime.com:** Volodymyr Melnyk (cl). **16 Getty Images:** Mark Brake (c). **16-17 Alamy Stock Photo:** wanderworldimages (Background). **17 Getty Images:** Michael Dodge (cla). **18-19 Getty Images:** Mike Hewitt (c). **19 Getty Images:** Adrian Dennis / AFP (br). **20 iStockphoto.com:** benoitb (crb). **20-21 Dreamstime.com:** Raja Rc / Rcmathiraj (cb). **21 iStockphoto.com:** pidjoe (c); strikke (cra). **22-23 Alamy Stock Photo:** Hero Images Inc. (cl). **Dreamstime.com:** Montypeter (Background). **23 Alamy Stock Photo:** Hero Images Inc. (cla). **24 Alamy Stock Photo:** TGSPHOTO (cra). **Dreamstime.com:** Wavebreakmedia Ltd (bl). **Getty Images:** Alex Davidson (l). **24-25 Dreamstime.com:** Ritu Jethani (t/Background); Raja Rc / Rcmathiraj (b/Background). **25 123RF.com:** Ilyas Dean (br). **Alamy Stock Photo:** Mitchell Gunn / ESPA (tl). **Dreamstime.com:** Stephen Noakes (cr). **Getty Images:** Alex Davidson (crb); Michael Steele (cr). **26 Getty Images:** Juice Images (ca). **26-27 123RF.com:** Sirapob Konjay (t). **Dreamstime.com:** Rangizzz (c/Background). **27 Alamy Stock Photo:** Historic Collection (c). **29 Dreamstime.com:** Jerry Coli (tr); Skypixel (bc, crb). **30 Getty Images:** Steve Christo / Corbis (clb). **30-31 123RF.com:** Vereshchagin Dmitry (Background). **Alamy Stock Photo:** Ilyas Ayub. **31 Dreamstime.com:** Andreykuzmin (r). **32 Dreamstime.com:** Eugene Onischenko (r). **33 123RF.com:** Volodymyr Melnyk (c). **Alamy Stock Photo:** Martin Berry (cr). **Rex by Shutterstock:** Kiyoshi Ota / EPA-EFE (cl). **34-35 Dreamstime.com:** Pixattitude (c). **35 Alamy Stock Photo:** Simon Balson (ca). **39 Alamy Stock Photo:** Age Fotostock (clb); Dipper Historic (crb). **Dorling Kindersley:** American Museum of Natural History (bc). **Dreamstime.com:** Vladimir Galkin (r). **40-41 Dreamstime.com:** Montypeter (t). **Getty Images:** Dimitri Iundt / Corbis / VCG (bc). **40 Getty Images:** Tony Duffy / Allsport (bc); Dimitri Iundt / Corbis / VCG (tl); Alexander Hassenstein (bl); Quinn Rooney (br). **41 Getty Images:** Kamil Krzaczynski / AFP (br/New); Remy Gros / Icon Sport (bl); Dursun Aydemir / Anadolu Agency (bc). **42-43 Dreamstime.com:** Petesalouitos (c). **iStockphoto.com:** Kerrick (t/Background); Federico Caputo (bl). **Getty Images:** Robert Riger (ca). **44 Dreamstime.com:** Yoshiro Mizuta (tc). **Getty Images:** Manuel Blondeau / Icon Sport (cla). **45 Alamy Stock Photo:** UpperCut Images (br). **Getty Images:** Dimitri Iundt / Corbis / VCG (crb). **46 Dreamstime.com:** Dariusz Kopestynski / Copestello (bc); Hkratky (cl); Mitchell Gunn (cr). **47 Alamy Stock Photo:** Action Plus Sports (tr). **Dreamstime.com:** Evren Kalinbacak (cl). **48 Alamy Stock Photo:** Wang Lili / Xinhua (r). **49 Alamy Stock Photo:** INTERFOTO (l); Jordi Salas (tr). **50-51 123RF.com:** Vassiliy Prikhodko (t). **Getty Images:** Cameron Spencer (c). **51 Alamy Stock Photo:** Richard Grange (cl). **Getty Images:** Lennart Preiss (crb). **52 Dreamstime.com:** Chelsdo (cra); Ukrphoto (cl); Roman Stetsyk (c); Petrjoura (crb). **53 123RF.com:** Roman Stetsyk (tl). **Dreamstime.com:** Igor Dolgov (clb); Ukrphoto (crb). **Getty Images:** Matthias Hangst / Bongarts (cb); Visual China Group (tr). **54 123RF.com:** ostill (fcra). **Dreamstime.com:** Jamie Cross / Jamie_cross (cb); Pixattitude (cra). **55 Alamy Stock Photo:** Cyclist People By Vision (ca). **Dreamstime.com:** Pixattitude (cra, tr); Rudy Umans / Rudyumans (bc). **56 Getty Images:** Dan Mullan (clb). **56-57 iStockphoto.com:** Henrik5000. **57 Getty Images:** Martin Barraud (cr); Alexander Hassenstein / Bongarts (cr). **58 123RF.com:** Abdul Razak Latif (cl); Fabio Pagani (cb). **Dreamstime.com:** Branchecarica (tr); Neil Lockhart (ca); Anan Punyod (cb/Road). **Getty Images:** MediaNews Group (bl); Ian Walton (crb). **58-59 Getty Images:** Foto Olimpik / NurPhoto (cla). **59 123RF.com:** mreco99 (r). **Dreamstime.com:** Walter Arce (br); Ievgen Soloviov (cb); Pavel Boruta (clb); Anan Punyod (br/Road). **60 Getty Images:** Andy Lyons (cra). **60-61 Getty Images:** Natasha Morello / Racing Photos. **62-63 123RF.com:** Sirapob Konjay (t). **Dreamstime.com:** Andreevaee (cb). **62 123RF.com:** martinkay78 (cb); Natthawut panyosaeng (cl). **63 123RF.com:** Natthawut panyosaeng (cl). **Dorling Kindersley:** Barnabas Kindersley (cra). **Getty Images:** TF-Images (cr). **64 Alamy Stock Photo:** PhotoStock-Israel (cl). **Dreamstime.com:** Eugene Onischenko (crb); Piyathep (tr). **Getty Images:** Nao Imai / Aflo (c). **65 123RF.com:** olegdudko (cb). **Alamy Stock Photo:** Ivan Okyere-Boakye Photography (tl). **Dreamstime.com:** Volodymyr Melnyk (cl). **Getty Images:** The Asahi Shimbun (tr). **iStockphoto.com:** Mrbig_Photography (bc). **66 123RF.com:** Andrii Kaderov (clb). **66-67 123RF.com:** ocusfocus (cl). **Dreamstime.com:** Vasilis Ververidis (c). Dreamstime.com: Lumppini (tc). **68-69 Alamy Stock Photo:** Peter Llewellyn. **70 Getty Images:** Hoang Dinh Nam / AFP (r). **71 Dreamstime.com:** Kanjanee Chaisin (cla). **Getty Images:** Visual China Group. **72 123RF.com:** Attila Mittl / atee83 (cl). **72-73 Getty Images:** Baptiste Fernandez / Icon Sport. **74 Dreamstime.com:** Galina Barskaya (crb); .shock (cl). **74-75 Alamy Stock Photo:** Sergeyoch (l). **75 Alamy Stock Photo:** Cal Sport Media (l). **76 123RF.com:** Anan Kaewkhammul (r). **77 Dorling Kindersley:** South of England Rare Breeds Centre, Ashford, Kent (cl). Dreamstime.com: Pariyawit Sukumpantanasarn (cra); Zagorskid (tl, bc). **79 Alamy Stock Photo:** Cultura Creative (RF). **Getty Images:** Mike Brett / Popperfoto (cra). **80 Dorling Kindersley:** Stephen Oliver (tr). **Rex by Shutterstock:** Andy Wong / AP (clb). **80-81 Dreamstime.com:** Eugene Onischenko. **81 Dorling Kindersley:** Stephen Oliver (cr). **82-83 Alamy Stock Photo:** Hemis (cla). **83 Rex by Shutterstock:** Andrew Cowie (cra). **84 Getty Images:** Jordan Mansfield (crb). **86 123RF.com:** ammit (bc). **87 123RF.com:** Alexutemov (cl). **Dreamstime.com:** Levente Gyori (bl). **88-89 Alamy Stock Photo:** Yolanda Oltra (t). **Dreamstime.com:** Jin Peng (Background). **88 Alamy Stock Photo:** Hilary Morgan (cb). **89 Alamy Stock Photo:** TCD / Prod.DB (cb). **90 Dreamstime.com:** Trekandshoot (crb). **Getty Images:** Jamie McDonald (r). **91 123RF.com:** lzflzf (ca). **Alamy Stock Photo:** Brian Lowe / ZUMA Wire (cl). **92-93 iStockphoto.com:** Lorado (t). **93 Alamy Stock Photo:** Dinodia Photos (cra); Janine Wiedel Photolibrary (cla). **94 123RF.com:** Allan Swart (cl, cr). **94-95 Dreamstime.com:** Adam88x (cb/Background); Albund (t/Background). **95 123RF.com:** Allan Swart (cl). **Dreamstime.com:** Oocoskun (crb, bc). **96 Getty Images:** moodboard (ca). **97 Dreamstime.com:**

Astrofireball (cra). **Getty Images:** Thomas Northcut / Photodisc (cla).

98 Dreamstime.com: Parkinsonsniper (br). **Getty Images:** The Asahi Shimbun (bc). **99 Alamy Stock Photo:** Stephen Barnes (bl); Sueddeutsche Zeitung Photo (cr); Barry Lewis (br). **102 Dreamstime.com:** Beat Glauser / Hoschi (Background). **103 Alamy Stock Photo:** Hiroyuki Sato / AFLO (cb). **Dreamstime.com:** Danyliuk (tr); Miramisska (tl). **104 Dreamstime.com:** Gibsonff (cb); Miramisska (cb/ Snowman). **104-105 123RF.com:** Pakhnyushchyy (Background). **105 Getty Images:** Kim Stallknecht (tr). **106 Getty Images:** Alexander Hassenstein / Bongarts. **107 Dreamstime.com:** Artisticco Llc (cl). **Getty Images:** Jonathan Nackstrand / AFP (br); Adam Pretty / Bongarts (tr). **108 Getty Images:** Daniel Milchev (c). **108-109 Getty Images:** Laurent Salino / Agence Zoom (cb). **iStockphoto. com:** Evilknevil. **109 Dreamstime.com:** Andreykuzmin (tr). **Getty Images:** Tom Pennington (crb). **110 Getty Images:** Dean Mouhtaropoulos - International Skating Union (ISU) / ISU (clb); Christof Koepsel - International Skating Union (ISU) / ISU (cb). **111 Alamy Stock Photo:** Newscom (cra). **Dreamstime.com:** Vladimir Kulakov. **Getty Images:** Tim De Waele (tc). **112-113 123RF.com:** Marina Scurupii (cb). **112 123RF.com:** Dmitry Kalinovsky (cr). **Alamy Stock Photo:** Nordicphotos (cl). **113 Alamy Stock Photo:** Everett Collection Inc (cra); Peter Horree (tl). **Getty Images:** Stanislav Krasilnikov\TASS (tc). **114-115 123RF.com:** Jon Schulte (c/Background). **Alamy Stock Photo:** ITAR-TASS News Agency. **Dreamstime.com:** Martinmark (cb/ Background). **Getty Images:** Gabriel Bouys / AFP (t/ Background). **114 Alamy Stock Photo:** Lorraine Swanson (clb). **115 Alamy Stock Photo:** Michael Bush (cr). **116 iStockphoto.com:** Dmytro Aksonov. **117 Alamy Stock Photo:** imageBROKER (ca, cra); Alexander Piragis (br). **118-119 Dreamstime.com:** Martinmark (cb). **Getty Images:** Henning Bagger / AFP (c). **119 Getty Images:** Gary M Prior / Allsport (tr). **122 123RF.com:** Aleksey Satyrenko (cr). **Getty Images:** Alessandro Garofalo / Action Plus (cl). **122-123 Getty Images:** The Asahi Shimbun. **123 123RF. com:** Benoit Daoust (tr); Aleksandr Markin (cr). **Alamy Stock Photo:** Westend61 GmbH (cl). **Getty Images:** Huw Fairclough (tc). **124-125 Dreamstime.com:** Tanwalai Silp Aran (t); Issaranupong Chaimongkol / Imooba (b/ Background). **Getty Images:** Ferenc Isza / AFP (ca); David Eulitt / Kansas City Star / Tribune News Service (cb). **126 123RF.com:** Vladimir Ovchinnikov (l). **Dreamstime.com:** Tropicdreams (cr). **127 Alamy Stock Photo:** Calamy Stock Images (cra). **Dreamstime.com:** Epicstock. **128 Alamy Stock Photo:** Artokoloro Quint Lox Limited (cl). **Getty Images:** James Worsfold (cr). **128-129 Getty Images:** James Worsfold (cr). **129 Alamy Stock Photo:** Cavan (crb). **130-131 Getty Images:** Leo Mason - Split Second / Corbis. **131 Getty Images:** Ullstein Bild (tr). **132-133 Alamy Stock Photo:** Hero Images Inc.. **133 Alamy Stock Photo:** Allstar Picture Library (cra). **134-135 Depositphotos Inc:** geoffchilds. **135 Alamy Stock Photo:** Tasfoto (tr). **Getty Images:** Jean-Michel Andre / AFP (cr). **136 123RF.com:** Epicstockmedia (cr). **Dreamstime.com:** Mike K. / Mikekwok (br). **140 Alamy Stock Photo:** Cavan Images (cr). **Bridgeman Images:** Egyptian / Fitzwilliam Museum, University of Cambridge, UK (bl). **141 Alamy Stock Photo:** Age Fotostock (cb); Historic Collection (cr); World History Archive (br). **Bridgeman Images:** Aztec, (16th century) / Private Collection (cla). **142 123RF.com:** smokhov (c/ Background). **Dreamstime.com:** Sabelskaya (cb). **143 123RF.com:** smokhov (bl). **Dreamstime.com:** Wavebreakmedia Ltd (bc). **144 123RF.com:** PaylessImages (bc). **145 Dorling Kindersley:** Natural History Museum, London (tr, cr); Stephen Oliver (crb, br). **146 Alamy Stock**

Photo: kpzfoto (clb). **146-147 Alamy Stock Photo:** Findlay. **148-149 Getty Images:** Matthias Hangst / Bongarts. 150 Dreamstime.com: Dodgeball (crb). **151 Alamy Stock Photo:** MBI (l, cr). **Dreamstime.com:** Dodgeball (tr); Monkey Business Images (c). **152 Fotolia:** DenisNata (ca). **153 Alamy Stock Photo:** Granger Historical Picture Archive (cra). **154 123RF.com:** Rattasarit phloysungwarn (cl, bc). **155 Dreamstime.com:** Andersastphoto (br); Axel Bueckert (cra). **156 Alamy Stock Photo:** Granger Historical Picture Archive (cla); KEYSTONE Pictures USA (c). **Getty Images:** Wally McNamee / Corbis (bl). **157 Dreamstime.com:** Paul Topp / Nalukai (cra). **158 Getty Images:** Popperfoto (bl). **159 Dreamstime.com:** Sergey Rusakov / F4f (cra). **Getty Images:** Keystone-France / Gamma-Keystone (cla); Stephen Pond (crb); Simone Kuhlmey / Pacific Press / LightRocket (br). **160 Dreamstime.com:** Dmitry Pichugin / Dmitryp (clb). **161 Alamy Stock Photo:** Granger Historical Picture Archive (t); Newscom (clb). **162-163 iStockphoto.com:** Nosyrevy (b). **162 Getty Images:** Wally McNamee / Corbis (bl). Rex by Shutterstock: Paul Vathis / AP (cr). **163 PunchStock:** Westend61 / Rainer Dittrich (tr). **164 Getty Images:** Norman Potter / Central Press (cr). **165 Alamy Stock Photo:** KEYSTONE Pictures USA (l). **166-167 Alamy Stock Photo:** Everett Collection Inc (c). **167 Alamy Stock Photo:** INTERFOTO (crb); Pictorial Press Ltd (cl); United Archives GmbH (cr). iStockphoto.com: Nosyrevy (b). **168 Getty Images:** DEA / Biblioteca Ambrosiana (crb). **169 Alamy Stock Photo:** Keystone Press (c); Science History Images (tr). **Getty Images:** Scott Peterson / Liaison (crb); National Motor Museum / Heritage Images (clb). **170 Dreamstime. com:** RightFramePhotoVideo (tl). **170-171 Dreamstime. com:** Paul Topp / Nalukai. **iStockphoto.com:** Kerrick (t/ Background). **171 iStockphoto.com:** YinYang (cr). **172-173 Dreamstime.com:** Reinhold Leitner / Leitnerr (Background). **172 Alamy Stock Photo:** Science History Images (bc). **173 Getty Images:** Hilaria McCarthy / Daily Express / Hulton Archive (br); Photo12 / Universal Images Group (c); General Photographic Agency (tr); Sandra Mu (bc). **174 Getty Images:** Ben Stansall / AFP (ca); Allsport Hulton / Archive (cla); Denis Doyle (cl); Stanley Weston (bc); TPN (br). **175 123RF.com:** Olga Besnard (br). **Dreamstime.com:** Monner (ca); Sergeyoch (b). **176-177 Getty Images:** TPN. **177 123RF.com:** Oksana Desiatkina (cb). **Dreamstime.com:** Sergeyoch (cb). **Getty Images:** Adam Pretty (cl). **178 Alamy Stock Photo:** AF archive (r). **179 Dreamstime. com:** Alhovik (tr); Pincarel (cr); Julián Rovagnati / Erdosain (cra); Excentro (c). **180 Getty Images:** Elsa (cl). **181 Dreamstime.com:** Monner. **182 Alamy Stock Photo:** Action Plus Sports (cl). **182-183 Alamy Stock Photo:** Mauro Dalla Pozza. **183 Alamy Stock Photo:** Pacific Press Agency (c). **184 Dreamstime.com:** Olga Besnard. **185 123RF.com:** Olga Besnard (c). **Dreamstime.com:** Igor Dolgov (clb). **186-187 Getty Images:** Ben Stansall / AFP. **187 123RF.com:** Adamgolabek (tl). **Getty Images:** Simon Maina / AFP (ca); Steve Turner (crb). **188 Getty Images:** Al Bello (clb). **188-189 Getty Images:** Tom Pennington. **189 Getty Images:** Alex Menendez (bl). **190 Getty Images:** Jerry Cooke / Sports Illustrated (cla); Chris Ratcliffe (crb). **191 Getty Images:** Stanley Weston (l). **192-193 Alamy Stock Photo:** Xu Chang / Xinhua. **193 Dreamstime.com:** Pariyawit Sukumpantanasarn (br). **194 Getty Images:** Denis Doyle (r). **194-195 Dreamstime.com:** Raja Rc / Rcmathiraj. **195 Alamy Stock Photo:** Pau Barrena / Xinhua (cla). **196 Getty Images:** Allsport Hulton / Archive (r). **196-197 iStockphoto.com:** Kerrick (t/Background). **197 Dreamstime.com:** Stephen Noakes (br). **Getty Images:** Paul Kane (clb). **198-199 Getty Images:** Chris Elise / NBAE (b). **198 Alamy Stock Photo:** Michael Mcelroy / ZUMA Wire (tl). **199 Alamy Stock Photo:** Storms Media Group (tc). **200-201 Getty Images:** Leontura (t). **200 Alamy Stock Photo:** Everett Collection Inc (cra). Pedro Ugarte / AFP (bl). **201 Getty Images:** Chris Graythen (cla); Vladimir Rys (ca). **202 Alamy**

Stock Photo: Archive Pics (crb); Jan Miks (tr). **Getty Images:** Shirley Kwok / Pacific Press / LightRocket (cl). **203 Dreamstime.com:** Lars Christensen / C-foto (cla); Idey (cla/ Stadium). **Getty Images:** Streeter Lecka (bl). **204 Getty Images:** Harry How (crb). **204-205 Dreamstime.com:** Jin Peng (c/Background). **205 Alamy Stock Photo:** Karl-Josef Hildenbrand / dpa (c). **206 Alamy Stock Photo:** George S de Blonsky (bl). **Getty Images:** Peter Stone / Mirrorpix (cl). **206-207 Alamy Stock Photo:** sportpoint (c). **207 Getty Images:** Scott Barbour / ALLSPORT (tr). **208 Getty Images:** Vladimir Rys (l). **208-209 123RF.com:** Kwanchai Chai-udom (t). **Alamy Stock Photo:** Santiago Vidal Vallejo (bc). **Dreamstime.com:** Raja Rc / Rcmathiraj (b/ Background). **209 Getty Images:** Reg Lancaster / Daily Express (tr); Vladimir Rys (cr); Wolfgang Kaehler / LightRocket (crb). **210 Getty Images:** Pedro Ugarte / AFP (bl). **210-211 Dreamstime.com:** Elena Chepik (Confetti). **Getty Images:** Gabriel Bouys / AFP (t/Background). **211 Getty Images:** Christopher Morris / Corbis (b). **212 123RF.com:** xsight (r). **213 123RF.com:** Baiba Opule (cb). **Alamy Stock Photo:** Jason Pohuski / CSM (br); Dan Anderson / ZUMAPRESS.com (cra). **Dreamstime.com:** Jakub Gojda (crb); Guido Vrola (c). **Getty Images:** Christopher Evans / MediaNews Group / Boston Herald (cl); Burazin / Photographer's Choice RF (tl); Robin Alam / Icon Sportswire (bl). **214 Getty Images:** Michael Allio / Icon Sportswire (cra). **214-215 Getty Images:** Michael Allio / Icon Sportswire (c). **215 Getty Images:** Bettmann (bc/Al Unser); Chris Graythen (ca); Michael Allio / Icon Sportswire (c); Bob D'Olivo / The Enthusiast Network (bc); Focus on Sport (br). **216 Alamy Stock Photo:** Graham Morley Historic Photos (bl). **216-217 Alamy Stock Photo:** Jon Sparks (c). **217 Alamy Stock Photo:** The Picture Art Collection (cra); Jan de Wild (br). **218 123RF.com:** Leonard Zhukovsky (clb). **Alamy Stock Photo:** imageBROKER (crb). **Getty Images:** Jean-Loup Gautreau / AFP (bc). **219 Alamy Stock Photo:** Everett Collection Inc (bc); PCN Photography (cr); Trinity Mirror / Mirrorpix (ftr); imageBROKER (tr). **Dreamstime.com:** Trentham (clb). **220 123RF.com:** Alexutemov (tr). **Alamy Stock Photo:** Lucy Calder (br). **Getty Images:** Manuel Blondeau / Icon Sport (bc). **221 Getty Images:** Nao Imai / Aflo (bc). **222 Getty Images:** The Asahi Shimbun (br). **223 Getty Images:** Visual China Group (bl). **224 123RF.com:** martinkay78 (br). Alamy Stock Photo: Action Plus Sports (bc). **Dreamstime. com:** Vladimir Galkin (bl)

Cover images: *Front:* **Alamy Stock Photo:** Action Plus Sports cra; **Dreamstime.com:** Skypixel cla; *Back:* **Alamy Stock Photo:** Cultura Creative (RF) cra; **Dreamstime.com:** Astrofireball cla, Idey cl, Stephen Noakes crb, Oocoskun tc

All other images © Dorling Kindersley
For further information see: www.dkimages.com

DK would like to thank:
Martin Copeland and Lynne Murray for picture library assistance, and Marie Lorimer for indexing.